자동차는 인간과 더불어 진화한다

구민사

목차

01 자동차는 첨단 종합기술의 산물

02 자동차는 기계가 실현한 인류의 꿈

03 자동차 산업의 태동과 주요기술들

04 사회 환경과 자동차의 영향

머리말

고대로부터 인류가 공동체를 만들어 문명사회를 이루고 살아오면서, 생활의 편리성을 추구하는 기계 기술은 필연적으로 발전하게 되었고, 이는 산업의 근원이 되었다.

사람의 생활에 있어 가장 중요하고 오랜 산업은 의(衣), 식(食), 주(住)를 바탕으로 이루어져 왔다. 이에 더불어 근세에 와서는 과학기술이 발전하면서 문명교류의 이동이 활발해지고, 여기서 물류의 이동 즉, 동(動, Travel)의 산업이 문명사회의 중요한 축을 이루게 된다. 동(動)의 산업은 정보지식기술(IT)을 바탕으로 하는 정보기술 산업과 사람과 물류 이동을 위하여 기계기술에 의해 만들어진 자동차 산업으로 발전되고 있다.

자동차는 인류문명 탄생 시기부터 인간의 삶에 가장 밀접하게 존재되어 왔고 의・식・주와 함께 동(動) 산업의 주체로 인간의 삶에 필수적인 존재성을 갖게 된다.

인류사회가 점차 풍요하고 편리성을 추구함에 따라 자동차도 인간과 더불어 지속적으로 발전하며 진화되고 있다고 할 수 있다. 현대사회에서 존재하는 자동차의 문화와 기술의 변천은 인간의 삶 속에서 사회 변화에 많은 영향을 주고 있다고 볼 수 있다.

그 간 "자동차의 인간학"이라는 교양강좌를 통해서 자동차를 공학적인 기계기술의 단순한 수송 시스템으로만 보지 않고 인류 문화의 한 개체로 인문학적인 관심을 가져보는 계기를 가지게 되었다.

이러한 자동차에 관한 폭넓은 교양은 기계기술 문명 속에 살고 있는 현대인들에게 융・복합적인 과학 기술 소통의 큰 도움이 되리라 생각한다. 미래의 자동차는 인간의 기술적 통제를 벗어나 자기 스스로 판단하여 움직이는 생물체와 같은 인공지능의 무인 운전 자동차 시대로 발전하게 될 것이다. 이에 따라 우리 사회에 미치는 자동차 문화의 인식은 삶에 있어 현실적으로 중요한 교양과 상식이 될 것이다.

자동차 공학을 전공한 공학자로서 인문학적 소견이 미숙하여 저술이 미약하지만 본 저서가 자동차를 대상으로 전문기술이 아닌 여러 관점의 소양을 고찰하는 계기가 되기를 바란다. 짧은 기간에 최선을 다하여 편집과 출간을 맡아 준 구민사 조규백 사장님께 감사를 표한다.

자동차인간학 연구회 편저자 일동

CHAPTER

01

자동차는 첨단 종합기술의 산물

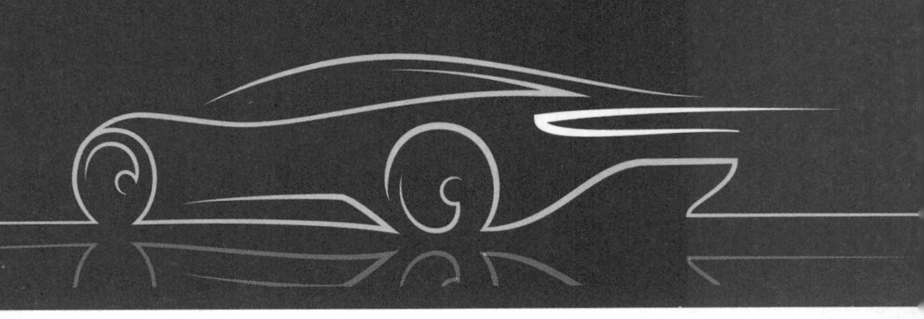

1. 우리 생활 속의 자동차란?

2. 자동차를 만드는 과학기술

3. 공학과 사회과학의 연계가 필요한 사회

1. 우리 생활 속의 자동차란?

현대에 이르기까지 인간이 과학 기술 문명사회를 만들어 오는 데 있어서, 자동차는 일상생활에 가장 많은 영향을 주고 있는 과학 기술의 산물 중 하나라 할 수 있다. 18세기 중엽, 증기기관이라는 열 동력 발생장치인 원동기의 발명으로 인간은 그 당시까지 인간 자신의 힘보다 더 강한 동물을 동력원으로 사용하던 우 · 마차의 수송 수단에서 소와 말을 대체 할 수 있는 이동 수단 방법을 찾게 되었고, 두 세기 반을 거치는 동안 수많은 이동 기술의 진화를 거치면서 오늘날의 자동차를 만들어 사용하게 된다.

오늘날 인류가 공존하는 문명사회에서 필수적으로 필요한 의 · 식 · 주 산업과 더불어 자동차는 "동(Transport: 動)"의 산업으로 자리잡게 되고, 한 국가의 빈곤과 부의 척도가 되는 과학기술 문명의 산업으로 자리매김하게 된다.

공학적 정의로 자동차(Automobile, Motor Car)란 사용 목적에 따라 주행할 수 있는 적당한 기계적 기능을 가지고 육상에서 사람이나 물건을 수송함을 의미하거나, 멀리 떨어진 거리를 이동하는 특수한 목적으로 사용되는 차량 장치에 여러 가지의 동력원을 가지고 그 발생동력에 의하여 궤도 또는 가선에 의하지 않고 육상을 주행할 수 있는 차량(Vehicle)을 뜻하고 있다. 자동차는 가장 첨단적인 종합 기술의 산물이며 세상에 출현되면서부터 인간과 더불어 사회의 여러 규범을 따라 존재하게 된다. 따라서 자동차가 개발되어 생산되고 소유자에게 소속되면, 법적 등록과 더불어 관리의 법적 제도권하에서 사용하게 된다. 이는 자동차가 생산되어 폐차가 될 때까지 그 나라의 자동차관리법에 따라 관리·운영됨으로써 다른 기술 제품과는 다르게 특별한 제품의 보유 유지의 특성을 지니게 된다.

2. 자동차를 만드는 과학기술

1) 과학기술의 공학과 과학

우리 인간이 살아가고 있는 우주의 자연계에는 그 존재성의 근원이 밝혀졌거나, 아직 밝혀지지 않은 미지의 어떤 일정한 법칙의 질서를 갖고 있는 사물로 존재한다. 거대한 우주 천체의 운행에서부터 물질을 이루는 극히 미세한 세포의 구조에 이르기까지 인간이 공존하는 자연계의 모든 것에는 무수한 진리와 법칙이 존재한다. 이러한 자연계의 근원과 법칙의 이치를 단계적으로 밝혀 나가는 학문이 자연과학이다. 즉, 자연과학의 본질은 자연계에서 인간의 지혜에 의해 인공적으로 가공하고 새로운 것을 만들어가는 것이 아니라, 자연 자체와 이미 존재하고 있는 모든 사물이 갖고 있는 진리에 호기심을 갖고 그 진리의 근원을 탐구해가는 학문이라고 할 수 있다. 이에 반하여, 자연과학에서 밝혀진 진리나 법칙을 인간의 욕망과 관련지어 응용하고, 더 나아가서 인간이 욕구하는 바를 인공적으로 달성하는 것을 목적으로 하는 즉, 새로운 것을 창조하는 능력을 기술(Technology)이라고 할 수 있다. 인간이 건강하게 살고자 병을 치료하고 싶다는 소망에서 의학기술이 생겨났고, 또한 자연계에 다른 형태로 존재하는 것을 찾아내 또 다른 새로운 것을 만들어 내려고 하거나, 응용하려는 욕구에서 공학기술이 생겨났다. 이것은 모두 기술에 속하는 학문이다. 기술발전을 역사적으로 보면 대부분의 기술은 경험으로부터 생겨났고 이렇게 생겨난 누적된 기술은 어느 수준의 단계에서 기술적 경험의 일반화가 체계적으로 이뤄지게 된다. 이 일반화의 기술 체계는 논리적 해석 방법의 하나인 수학과 결부되어 이론적 지식 체계가 이뤄지는 공학(Engineering)이라는 학문을 만들어낸다. 즉, 공학은 기술의 과학화라 할 수 있다.

기술 학문은 자연계의 진리나 법칙을 밝히는 과학의 발전에 따라 항상 진보하고 발전할 수 있으며, 다음 세대에 전승됨으로써 점차 커져가는 인간의 욕망을 이루는 데 가까워지는 것을 가능하게 하고 있다. 이 때문에 기술은, 초기 공학이라는 기술 학문이 발전하기 전에는 인간에 의해 전수시키고 발전시킬 수 있는 학문 체계를 갖추지 못한 "기능"이라는 방법을 주체로 하는 의미를 갖고 있었지만 과학의 진보와 더불어 점차 다양하고 심도있는 기술학문으로 이행되어 최근에는 공학이라는 기술 학문과 과학이 떨어질 수 없는 관계가 되고 양자를 일원화하여 과학기술이라는 의미로도 부르고 있다.

현재 우리가 사용하고 있는 공학(工學)의 공(工)은 물건을 만들어낸다는 의미를 갖고 있다. 다시 말해 공학이란 인간의 욕구에 대응하여 자연계에 없는 새로운 것을 인공적으로 창조하고, 그것을 더욱 보다 나은 것으로 개선해가는 과정이다. 또한 이 과정 중에 또 다른 새로운 원리를 발견하게 되고 그것을 체계적으로 법칙화하여 인간이나 사회가 지향하는 목표에 한층 더 가까워지게 하는 과학의 응용을 목적으로 하는 학문으로 표현하고 있다.

다케시 사토 교수에 의하면 과학(Science)은 지적 호기심에 기초하여 진리의 이치를 탐구하는 것이며, 한편 공학은 목표를 정해서 그것에 필요한 사실 인식을 행하고, 그것에 법칙화나 체계화를 수행해서 응용에 적용하는 학문이라 표현하고 있으며, 이것을 도식적으로 표시하면 [그림 1 - 1]과 같다.

[참조 : 기계공학개론]

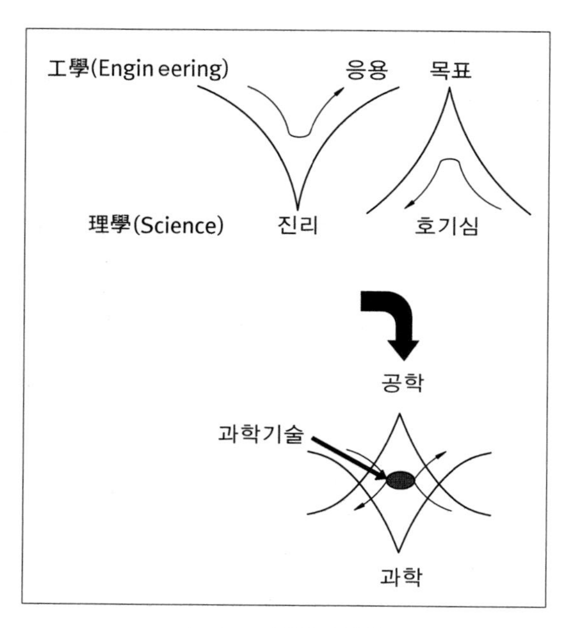

[그림1 - 1] **과학과 공학**

그림에서 보면 과학은 진리를 밝히는 것에 의미를 두며, 공학은 그 진리를 여러 가지 응용분야에 널리 적용시키는 것이라 할 수 있다. 한편 공학의 방법은 목표를 정하고 그것에 모든 것을 수렴시켜 가는데, 과학에서는 지적 흥미에 따라서 발산하게 된다. 또한, 공학은 그 목표를 설정하고 그것을 실현하기 위한 설계를 하는 학문이라고도 할 수 있다. 그 목적은 [그림 1 - 2]와 같이 "인간기능의 확대"에 기여하고 인류복지에 공헌하는 것이다. 따라서 공학은 인간 생활에 있어서 가장 현실적인 학문이라 할 수 있고 "인간"이나 인간 욕구에 대한 탐구를 배제할 수 없다. 예를 들어 인간이 자신의 다리로 걷는 기능보다 더 빠르게 달리고 싶다는 소망에서 자전거가 고안되고, 더 나아가 철도나 자동차, 항공기로 발전된 것처럼 공학은 더욱더 인간의 욕구에 따라서 자연계에 아직 없었던 것 즉, 인간 기능 확대의 방법을 창조해 가는 학문이다. 결국 우리 주위의 사물들, 라디오, 텔레비전, 시계, 양복 등 인간과 더불어 존재하는 모든 것이 공학의 산물이라 할 수 있다.

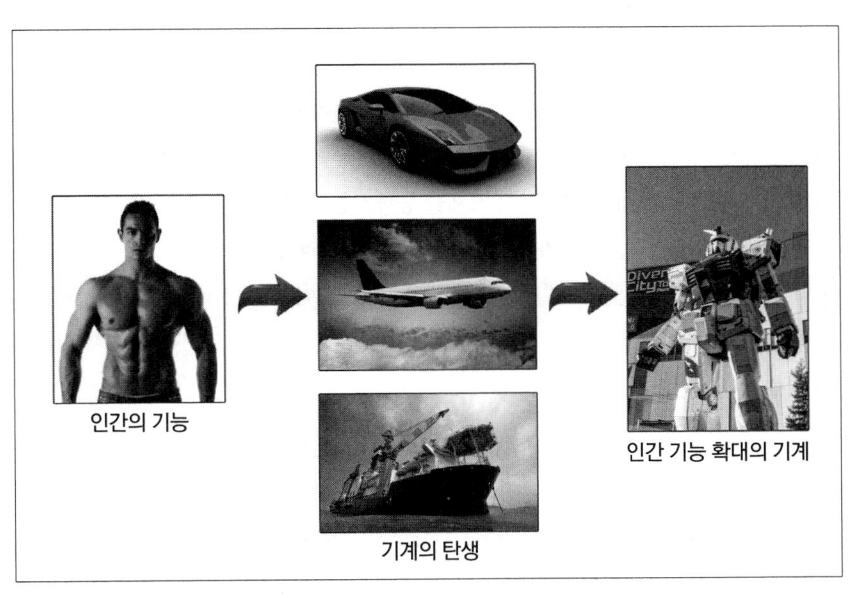

[그림 1-2] **인간 기능의 확대**

공학(Engineering)은 인간이 사는 세계를 더 나은 삶의 터전으로 만들어 나가기 위한 인간생활과 가장 밀접한 학문이며 다음과 같은 세 가지 기능의 의미를 갖는다.

첫째는 창조력으로, 공학은 창의성과 상상력을 현실적으로 구현하는 산업의 근본을 이룬다. 인류의 미래는 첨단 과학 지식에 바탕을 둔 창의적 상상력을 현실적으로 구현하기 위해 진지하게 연구하는 공학자들에 의해 더 풍요로운 삶을 기대할 수 있고 더욱 번영된 미래의 세계를 약속 받을 수 있다.

둘째는 실현력으로, 공학은 우리 삶의 기본을 제공하는 실체이며 무한한 창의성과 상상력을 현실적으로 구현하는 산업 현장을 갖게 한다. 이 산업현장에서 땀 흘려 일하는 역군들에 의해서 우리 사회를 경제적으로 발전 · 지속시켜 가는 것이다.

셋째는 상상력으로, 공학은 우리 삶을 새로운 세계로 바꾸어 나가게 하는 꿈을 갖게 한다. 미래의 새로운 삶과 새로운 세계 개척의 꿈은 첨단과학 기술을 현실적으로 구현시키는 공학 기술의 무한 도전에 의해서 이루어 나가게 될 것이다. 이 꿈을 실현시킬 첨단기술은 세계를 하나의 공유되는 글로벌 세계로 바꾸어 갈 것이며, 수명이 연장되는 자연 생명의 시대를 열어 갈 것이고 우리의 삶을 보다 넓은 우주 속으로 확장시켜 갈 것이다.

[참조 : 대한기계학회 홍보자료]

2) 기능과 기술 그리고 공학

기능은 물건을 가공하고 다룰 수 있는 능력으로서, 어떤 목표를 실현하여 달성하는 데 있어 개인 숙련에 의하여 파악한 주관적 법칙성을 적용하는 것이다. 이런 능력의 숙달은 사람과 사람의 직접적인 의사 전달에 의해서 훈련되는 것이고 체계적인 지식 매체를 통해서는 전달하기 어려운 것이다. 반면 기술은 경험으로부터 얻어진 어떤 대상을 변경하여 가공하고 성능을 발전시켜가는 능력으로, 기능과는 다르게 자연과학적인 법칙이나 경험 법칙이 뒷받침되어 있는 객관성을 지닌다. 이러한 공정에 따라서 정리된 지식매체를 통하여 기술을 다른 사람에게 전달하거나 재현시킬 수 있을 뿐 아니라 더욱 연구를 해서 기술을 전수시키고 한층 더 발전시킬 수 있다.

목표를 실현하고 달성하는 데에는 기능적 요소와 기술적 요소가 유기적으로 상호 작용하는지 엄격하게 구분되어 발전하지는 않는다. 그러므로 공학(Engineering)은 이런 기술에서 어떤 대상을 변경하거나 가공하는 목표, 또 이것을 실현하는 조작 공정을 각각의 기술로 특유하게 보유하고 있으면서, 또 다른 어느 대상의 공정에도 공통적으로 적용되는 어떤 대상의 변경, 가공에 대해서 과학적으로 일반화된 기술 지식의 학문 체계를 이루고 있는 것을 말한다.

공학에는 과학적 이론에 의해 이뤄진 이론적 공학과, 경험적 지식의 축적으로 이뤄진 경험적 공학 그리고 약속으로 표준화된 제도, 규격에 의해 이뤄지는 실용적 공학으로 대별할 수 있다. 인류 문명의 발전과 더불어 기술은 공학이라는 학문 영역을 만들었고, 초기에는 토목, 건축, 철도교통 수단을 계기로 하는 기계영역으로 시작되다가 20세기에 들어서면서 과학을 토대로 하는 산업화로부터 전기공학, 화학공학 등의 영역이 생겨났으며, 근세의 공학은 물체의 실체로 하는 대상뿐만 아니라 모든 기술을 대상으로 하는 기술의 관리 공학, 시스템 공학, 정보공학, 수리공학, 계산공학 등이 폭 넓게 만들어졌다. 또한 의 · 식 · 주 산업화의 발전과 더불어 새로운 공업이 생겨나고 발전하며 생명공학, 생물공학, 식품공학, 스포츠공학, 의공학 등 새로운 명칭의 공학 종류가 각 산업화에 맞춰 다양하게 생겨나고 있다.

3. 공학과 사회과학의 연계가 필요한 사회

학문체계 발달의 초기에는 종교를 중심으로 하여 일체 과학의 학문 체계 인 통합의 시대로 이뤄져왔다. 이후로는 인문과학과 자연과학으로 분리되고 이어서 다양한 학문체계로 세분화된 확대의 시대를 이루게 된다. 정보화의 다양성을 추구하는 현대에는 인문 · 사회 과학과 공학이 서로 연계하는 융합의 기술 체계를 요구하는 산업영역이 넓어지고, 보다 경쟁력있는 창의성이 강조됨에 따라 학문체계에 있어서도 활발한 학문간의 융합적 연계의 시대를 맞이하고 있다.

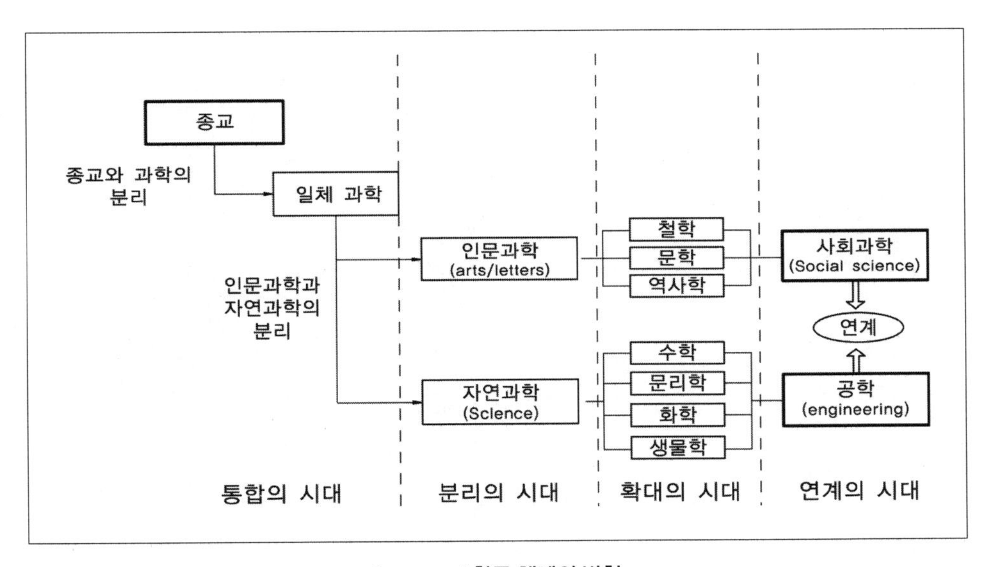

[그림 1 - 3] **학문 체계의 변천**

CHAPTER

02

자동차는 기계가 실현한 인류의 꿈

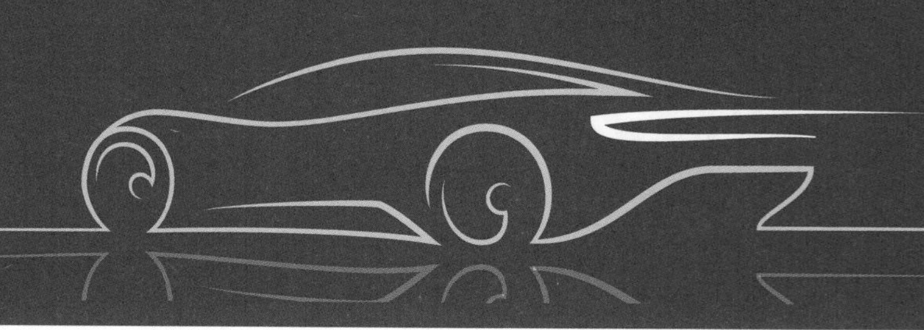

1. 자동차를 만든 기계란?

2. 기계를 이루는 기본적인 역학적 원리

3. 기계(Machine)의 종류

4. 인류와 함께한 도구와 기계

5. 자동차기술에 사용되는 공학적 단위의 이해

1. 자동차를 만든 기계란?

기계(Machine)란, 시스템 내부에 두 개 이상의 요소(Element)가 일정한 구속운동(拘束運動 : Constraint Motion)을 하는 기구학적 구조(Mechanism)를 가지며, 각 부품은 작용하는 힘이나 환경에 대하여 충분한 저항력을 갖고 있는 것으로, 이것에 에너지(Energy)를 가하여 공학적으로 유용한 일을 할 수 있는 에너지 변환을 하는 시스템이라 할 수 있다.

예를 들어 괭이는 나무 자루와 금속의 칼날로 구성되어 있지만 이 두 요소 간에는 운동을 하는 기계구조가 없으므로 도구이기는 하지만 기계라고는 할 수 없다. 또한, 장난감이나 완구 중에는 서로 운동을 하는 요소와 기계적 구조를 갖춘 것도 많지만 그 재질이 일반적으로 부서지기 쉽고, 게다가 공학적으로 유용한 일을 하는 것도 아니므로 기계라고는 말하지 않는다.

이와 마찬가지로 석유와 같은 액체를 담는 탱크나 교량 및 철교와 같이 강도를 지닌 몇 가지 이상의 요소로 이뤄져 있기는 하지만 구속운동을 하는 기계의 정의에 합당치 않으므로 어느 것도 기계라고는 할 수 없다. 일반적으로 기계는 동력 기계 또는 원동기(Prime Mover)와 작업기계(Working Machine)로 크게 나누어 분류한다.

자연계에는 많은 에너지가 존재하고 있다. 풍력, 수력, 열, 원자력, 그 외에 다양한 종류의 에너지를 기계적(운동) 에너지로 변환하는 기계를 동력기계라 하고, 원동기, 전동기 등이 여기에 속한다.

동력기계로부터 에너지를 받아서 어떤 작업 목적으로 하는 일을 행하는 기계를 작업기계라고 하며 각종 공작기계를 비롯하여 일반적으로 우리가 기계라고 부르는 것 중의 대부분이 작업기계이다.

기계는 본래, 인간 능력의 보조 수단으로 발명되어 발달한 것이다. 그러므로 기계의 기능은 인간의 기능과 서로 닮아 있다. 일반적인 기계의 작업은 인간의 손발이 하는 작업에 해당하지만, 최근에는 컴퓨터와 전자기술의 등의 발달에 따라 기계에 제어 기능과 판단 기능의 첨가가 가능하게 됨으로써 자동기계나 지능기계로의 발전이 확대되고 있으며 미래에는 인간의 뇌지능과 유사한 AI(Artificial Intelligence) 지능적 기계의 출현이 예측되고 있다.

이러한 기계기술의 학문을 다루고 있는 대표적 공학분야의 하나가 기계공학(Mechanical Engineering)이며, 어떤 공학기술에서도 가장 필수적으로 요구하는 핵심 학문분야로 자리하고 있으며 이 기계공학 발전 여하에 따라서 공업기술이 크게 영향을 받고 있다.

기계공학의 궁극적인 목적은 기술의 현상을 확실하게 파악하여 성능(Performance) 및 품질(Quality)이 뛰어난 제품을 설계하고 제작하는 것이다. 따라서 기계공학기술과 각종 산업은 서로 밀접하게 관련되어 있으므로, 모든 기술 분야의 기술자(Engineer)는 기계공학에 항상 깊은 관심을 가짐과 동시에 정확한 기계의 지식을 파악하고, 그 응용을 합리적으로 꾀하므로써 추구하는 기술산업의 성취를 이룰 것이다.

2. 기계를 이루는 기본적인 역학적 원리

기계를 이루는 기본적인 역학적 원리는 활차(도르래, Pulley), 지레(Lever), 차륜(Wheel)과 차축(Axle), 경사면(Inclined plane)과 쐐기(Wedge), 나사(Screw)로써 대표적 다섯 가지로 이루어진다.

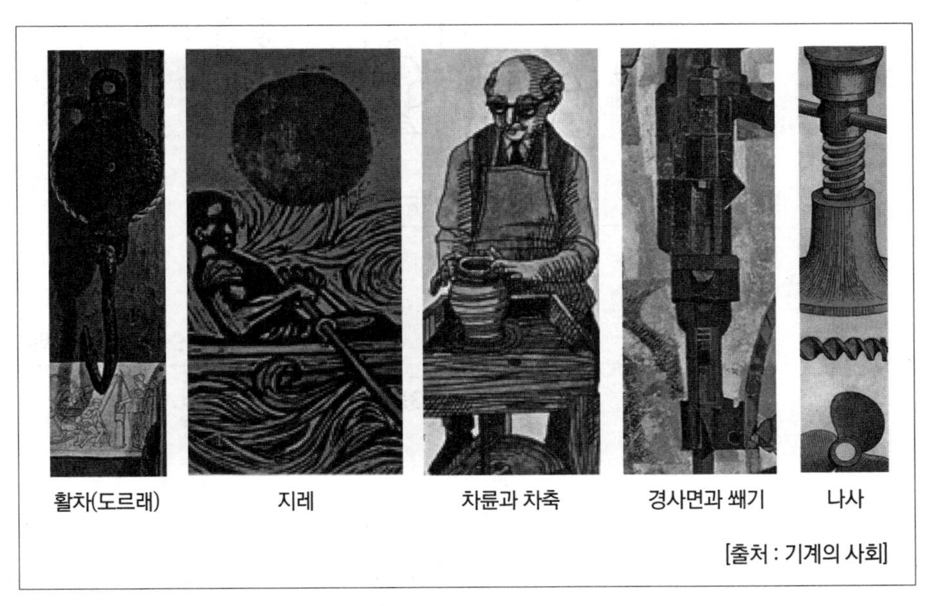

[출처 : 기계의 사회]

[그림 2 - 1] **기계를 이루는 기본적인 역학적 원리**

1) 활차의 원리

[그림 2 - 2]에서 보는 3종류의 활차에서 맨 좌측의 고정된 활차는 일을 하는 사람에게 어떠한 이익도 주지 않는다. 1선분의 루프에서 어떤 하중을 지지하여 주지 않으므로 그 기계적 배율은 1이다. 결국 하중과 작동력은 같게 된다. 활동차가 1인 가운데의 경우는 2선분의 루프가 하중을 지지하고 있으므로 기계적 배율은 2가 되고 1/2의 힘이 들게 된다. 맨 우측과 같은 활차 장치의 경우는 기계적 배율이 3으로 되어 1/3의 힘이 들게 된다.

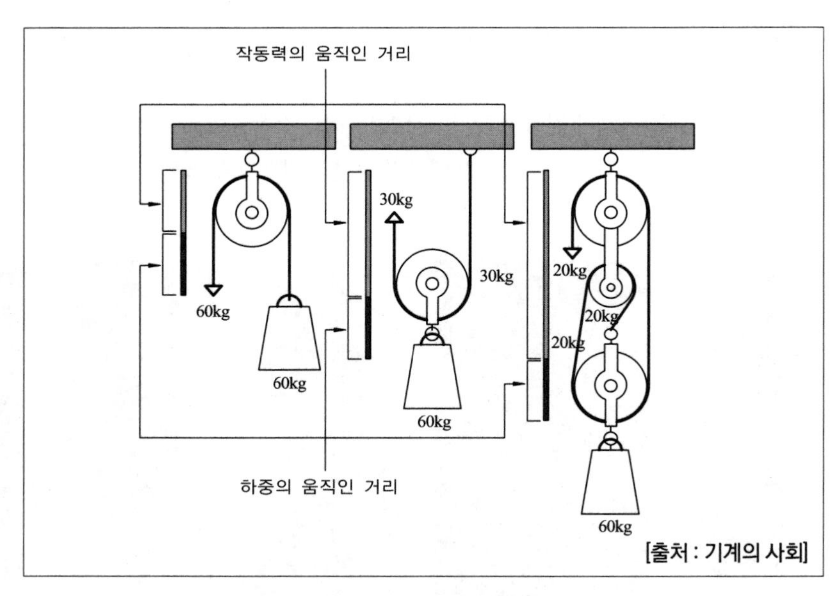

[그림 2 - 2] **3종류의 활차**

2) 지레의 원리

지레의 원리는 [그림 2 - 3]에서와 같이 극히 단순한 방식으로 하는 일이다. 지지점으로부터의 거리에 의해서 증대된 작동력은 지지점으로부터의 거리에 따라서 작용되는 하중과 균형을 이룬다는 원리로, 지지점으로부터 4m 떨어진 곳에서 2kg 이상의 힘을 가하면 지지점으로부터 1m 위치에 놓인 8kg의 물체를 들어올릴 수 있게 되는 원리이다.

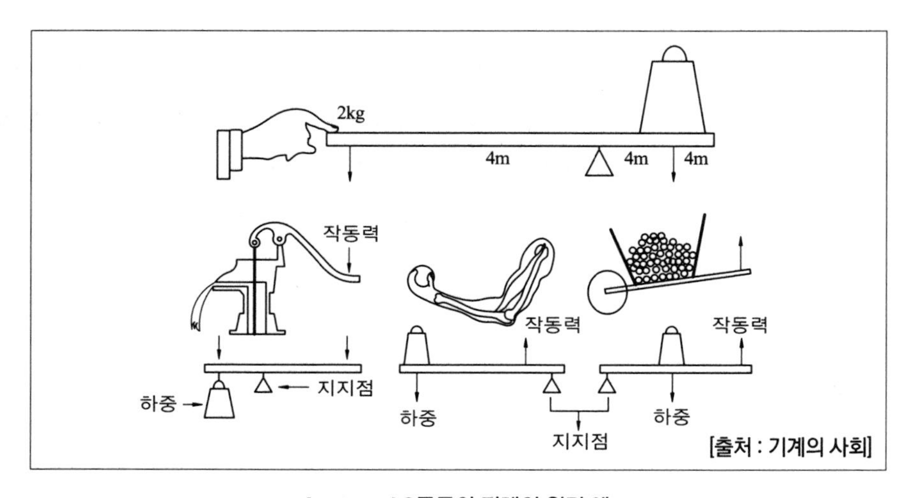

[그림 2 - 3] **3종류의 지레의 원리 예**

3) 차륜과 활차의 원리

[그림 2-4]를 보면 물이 작동함에 따라 수차가 작용하고 있음을 알 수 있다. 수차 차륜의 반경이 작동력의 팔이 되고 차축에 작동하는 회전력이 저항력으로 된다. 그래서 차축의 반경이 지렛대와 같은 저항력의 작용 팔이 된다. 모터는 큰 바퀴를 회전시켜 작은 바퀴를 회전시킨다. 큰 바퀴가 모터에 의해서 120도 회전하면 작은 바퀴는 360도 회전한다. 결국 큰 바퀴의 회전 속도는 작은 바퀴에 의해 3배로 증대된다고 할 수 있다.

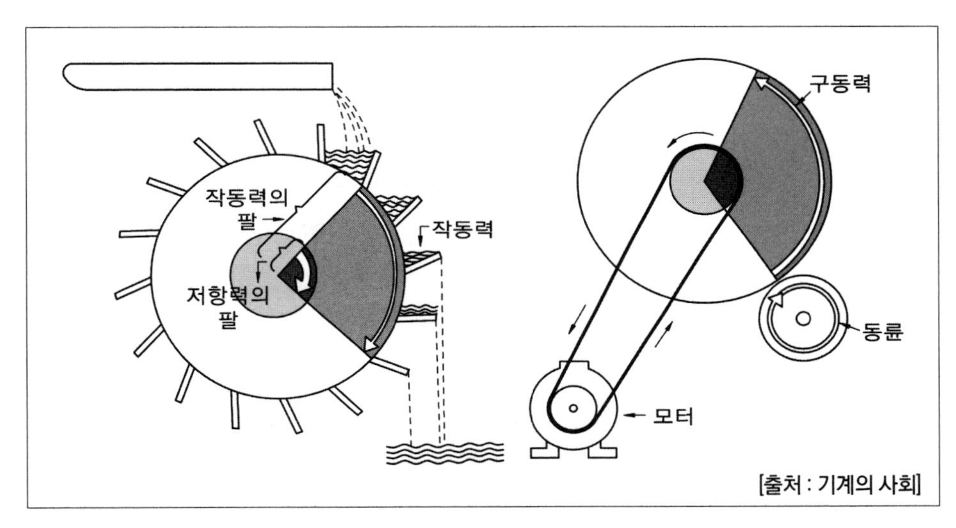

[그림 2-4] **지레로서의 차륜과 활차**

4) 경사면과 쐐기의 원리

[그림 2-5]는 한 사람이 매끄러운 경사면에서 원통을 밀어올리는 경우를 도시한 것이다. 원통의 무게를 60kg으로 한다고 하면, 이 사람이 일정한 속도로 원통을 밀어올리기 위한 작동력은 경사면을 이루는 삼각형의 높이와 경사변의 비율로 결정된다. 그림에서 경사면의 기울기에 따라 위는 60kg의 1/2인 30kg, 가운데는 60kg의 1/3인 20kg, 아래는 60kg의 1/4인 15kg의 노력이 필요하다.

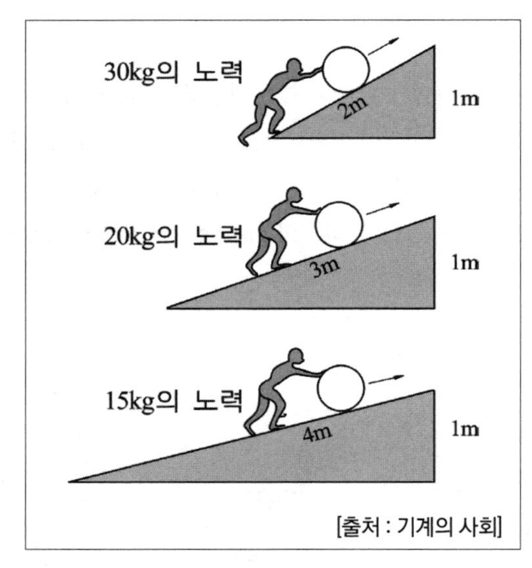

[그림 2 - 5] **경사면의 수학**

5) 나사의 원리

나사의 원리는 종이를 직각 삼각형으로 오려서 그것을 연필의 주위에 감는 것에 빗대면 쉽게 이해할 수가 있다. 직각 삼각형의 경사 변이 나사의 경사면, 즉 나사산에 해당된다. [그림 2 - 6]의 우측은 지레 팔이 화살표 방향으로 회전하면 나사의 산과 산 사이의 거리를 나타내는 피치와 같도록 하여 결국 인접하는 선의 틈만큼씩 올라가는 것을 표시한다.

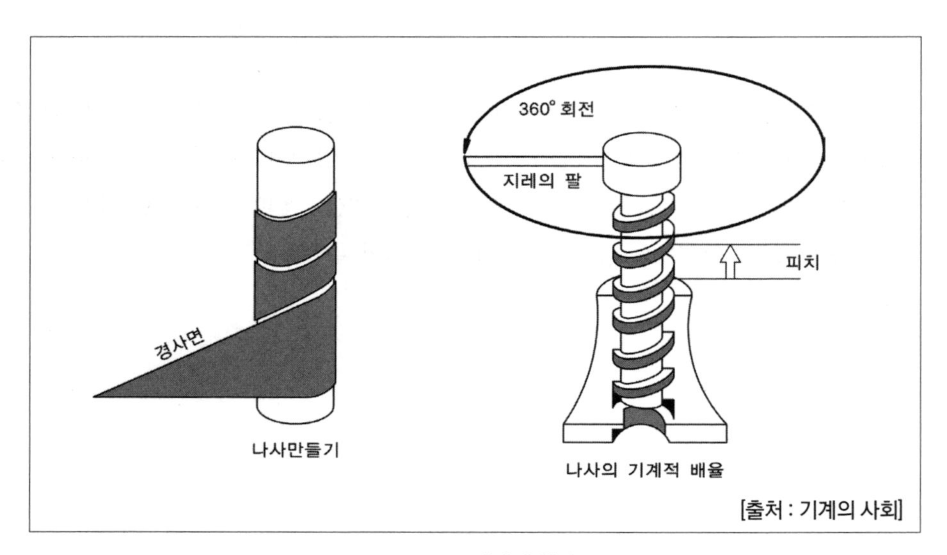

[그림 2 - 6] **나사의 원리**

3. 기계(Machine)의 분류

기계는 크게 각종의 에너지 변환으로 동력을 발생하는 원동기와 원동기의 동력으로 여러 가지 작업을 하는 작업기계로 분류된다.

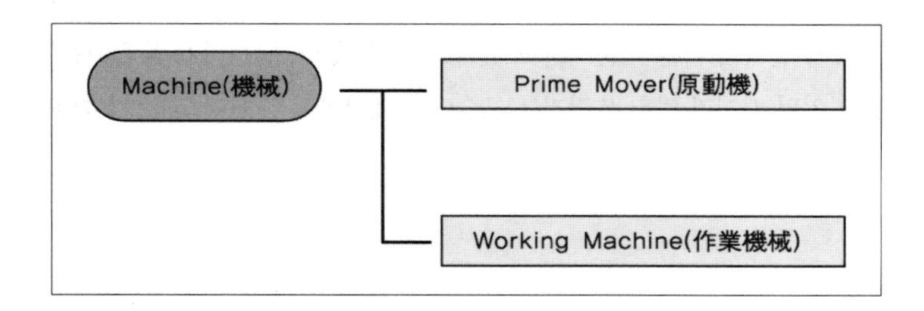

원동기(Prime Mover)는 여러 가지 에너지의 변환에 의해 기계적인 일을 하는 기계로, 열에너지를 이용하는 열기관(Heat Engine), 바람의 에너지를 이용하는 풍차(Wind Mill), 수력에너지를 이용하는 수차(Water wheel), 원자력을 이용하는 원자력 발전소(Nuclear Power Plant) 등으로 분류되며 열기관은 크게 내연기관(Internal Combustion Engine)과 외연기관(External Combustion Engine)으로 나뉜다.

작업기계(Working Machine)에는 작업 목적에 따라 농업기계, 건설기계, 각종 공작기계(Machine Tools : Shaper, Lathe, Drill Machine, Milling Machine, Grinder…etc), 컨베이어 시스템(Conveyer System), 각종 자동차(Automobile) 등이 있다.

4. 인류와 함께한 도구와 기계

1) 생활 속에 숨겨진 과학기술

인류 문명이 시작되면서 인간생활에 필요로 하는 수많은 창조물들이 만들어지고, 또 그 창조물에 의해 또 다른 기술 발전이 반복적으로 이루어짐에 따라 다시 새로운 물건들이 만들어지며 필요한 제품들의 성능이 향상되어 왔다. 우리 주변에 있는 모든 물건들은 그것이 만들어지는 데에 요구되었던 기술에 의해 생겨나고 존재되고 그러한 기술들은 또 다른 발전된 기술들과 연계하며 진화하고 있다. 인류 역사 속의 생활 용구에 숨겨진 과학적 기술들을 현대의 과학기술로 조명하여 보고, 그것이 갖고 있는 원리의 이론을 밝혀가면서 현재의 새로운 용품과 문명의 이기를 창조해 가는 과학기술이 발전해가고 있다.

우리 주위에 존재하는 고대 역사적 창조물의 예를 보면 종의 대표적 유물이라 할 수 있는 일명 에밀레종이라 불리는 성덕대왕 신종을 볼 수 있다. 당시에는 가장 첨단적인 최고의 기술로 제조되었을 것이다. 이 종에서 그 음향 발생의 원리와 주조 기술의 재료학적 가치 등을 현대 과학기술로 새롭게 조명하여 볼 수 있다. 또한 신라 말년에 조성되었던 포석정의 전설 유래에 전해지고 있는 수로의 물의 흐름은 현대의 유체 공학적 원리로 살펴보면 그 숨겨진 과학적 진실을 밝힐 수 있을 것이다. 생활에서 평범하게 이뤄지고 어떤 사건들에서도 그 내면에는 과학적 진리의 이론이 존재하고 있다고 볼 수 있다. 단순하게 움직이는 놀이 기구인 그네에서 진자운동을, 돌고 있던 팽이가 멈춰 쓰러지는 모습에서 세차운동의 현대 과학 기술의 원리들을 발견할 수 있고 이 이론을 이용하여 또 다른 문명의 이기를 창조할 수 있을 것이다.

[그림 2-7] **생활 속의 과학 기술**

2) 생활 용구와 무기

인류는 과학 기술의 산물인 도구와 기계라는 장치를 통하여 문명사회를 발전시켜 왔다. 기계의 발전은 인류 역사에서 벌어졌던 많은 전쟁을 통해서 새로운 무기의 개발이 촉진되어 왔고 평화의 시대에는 안락한 생활의 즐거움을 찾으려는 인간의 욕망 속에서 새로운 용구를 만들어내며 발전되어 왔다. 그 기능은 건설적이고 순리성을 갖는 이로운 것에서부터 파괴적이고 생활에 악영향을 주는 것으로도 사용되어 왔다. 생활의 편리성을 목적으로 하여 발전된 기계들은 인류를 편하고 즐겁게 하였고, 전쟁에서 강한 전투력을 확보하고자 하는 목적으로 만들어진 기계들은 그 나라의 국력을 좌우하는 무기가 되었다. 나라 간의 무기발전 경쟁은 전쟁이라는 인류 파멸의 결과를 초래할 것이라는 우려를 하면서도 그 기술이 사회에는 더욱 발전된 문명이기로 이용되는 역순환을 역사적으로 보여주고 있다. 수송기계의 예로 보면 고대 사회의 전쟁에서는 우마를 이용하며 칼이나 활을 무기로 이용하였고, 점차적으로 선박과 마차와 수레 등을 이용하며 총과 대포 등의 발전된 무기를 갖고 국가의 강력함을 과시하였다. 세계 1차 대전을 겪으면서 발전된 자동차와 비행기 기술은 새로운 기계기술 문명사회를 만들어 왔고, 세계 2차 대전을 기하여 발전된 전쟁 무기 제조기술은 현대 기술문명의 새로운 기폭제가 되었다고 볼 수 있다.

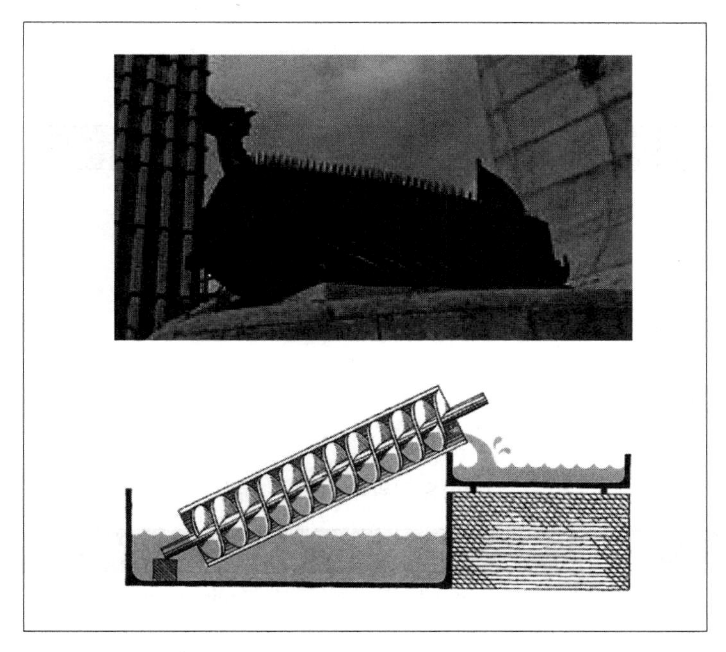

[그림 2-8] **중세기의 공포의 병기와 나사의 원리를 이용한 양수기술**

5. 자동차 기술에 사용되는 공학적 단위의 이해

1) 기본단위

공업이 발전하면서 나라마다 나름대로의 전공분야에서 여러 가지의 단위를 사용하는 경우가 많아 서로 혼동이 빚어진 경우가 많았다.

이것을 개선하기 위해 1960년 제11회 국제 도량형 총회에서 국제단위계(약칭은 SI, The International System of Units)가 채택되고, 세계 각국에서는 각 분야에서 혼재되어 사용하고 있던 단위계를 국제단위계(SI 단위계)로 통일하여 쓰게 된다. 이에 따라 세계 여러 나라가 학문분야에서뿐만 아니라 각종 산업에서 생산되는 제품, 일상생활에 사용되는 단위의 단일화를 이뤄가는 노력을 하게 됨으로써, 각 나라 간의 제품의 표준화와 품질의 향상을 가져 왔고, 국가 간 원활한 통상 유통의 주요한 역할을 하게 된다. 국제단위계의 장점으로는 한 개의 물리량에 한 개의 단위가 대응함으로써 일관된 단위계를 가진다는 점을 들 수 있다. 제정된 SI 단위계는 기본단위와 유도 단위로 이뤄지며 [표 2-1 (a)]는 기본단위의 예, [표 2-1 (b)]는 SI 단위와 병용하여 사용하고 있는 각종 단위의 예를 나타낸다.

[표 2-1] **기본단위(SI 단위계)**

(a) 기본단위의 예

양	명칭	단위 기호
길이	미터	m
질량	킬로그램	kg
시간	초	s
전류	암페어	A
열역학적 온도	켈 빈	K
물질량	몰	mol
광도	칸델라	cd

(b) SI 단위와 병용하는 단위

양	명칭	단위 기호	정 의
시간	분, 시, 일	min, h, d	1min = 60s, 1h = 60min, 1d = 24h
평면각	도, 분, 초	°, ', "	1° = (π/180)rad, 1 = (1/60)°, 1 = (1/60)'
체적	리터	l	$1l = 1dm^3$
질량	톤	t	$1t = 10^3kg$

2) 유도 단위

하나의 물리량에 대하여 각종의 단위가 몇 개씩 섞여있어 복잡한 단위 군을 형성할 때 이를 하나의 단위로 조합하여 사용하는 것을 유도단위라 한다.

[표 2-2]는 기본단위로부터 유도된 조립단위의 예를 표시한 것이고, [표 2-3]은 SI 단위계에 사용되는 10배수의 값을 나타내는 접두어의 종류를 표시한 것이다.

[표 2-2] **기본단위에서 유도된 SI 조립단위의 예**

양	명칭	단위 기호
면적	평방미터	m^2
체적	입방미터	m^3
비체적	킬로그램당입방미터	m^3/kg
밀도	입방미터당킬로그램	kg/m^3
속도	초당미터	m/s
가속도	초제곱당미터	m/s^2
각속도	초당라디안	rad/s
힘	뉴튼	N 또는 $kg \cdot m/s^2$
압력 · 응력	파스칼	Pa 또는 N/m^2
에너지, 일, 열량	줄	J 또는 N · m
일률, 공률, 동력	와트	W 또는 J/s
온도차	켈빈도, 셀시우스도	K 또는 ℃

[표 2-3] **SI 단위의 접두어 예**

단위에 곱해지는 배수	SI 접두어		단위에 곱해지는 배수	SI 접두어	
	명칭	배수 표시		명칭	배수 표시
10^{24}	요타	Y	10^{-1}	데시	d
10^{21}	제타	Z	10^{-2}	센티	c
10^{18}	엑사	E	10^{-3}	밀리	m
10^{15}	페타	P	10^{-6}	마이크로	μ
10^{12}	테라	T	10^{-9}	나노	n
10^{9}	기가	G	10^{-12}	피코	p

단위에 곱해지는 배수	SI 접두어		단위에 곱해지는 배수	SI 접두어	
	명칭	배수 표시		명칭	배수 표시
10^6	메가	M	10^{-15}	펨토	f
10^3	킬로	k	10^{-18}	아토	a
10^2	헥토	h	10^{-21}	젭토	Z
10^1	데가	da	10^{-24}	욕토	y

3) 자동차의 SI 단위 사용 예

(1) 자동차에 사용되는 기본 용어

자동차나 그와 관련된 분야에서는 아직까지 여러 가지의 단위계가 복합적으로 사용되고 있으며, 사용 방법도 다양하다. 여기서는 자동차 분야에 많이 사용되고 있는 SI 단위계에 관한 공통적인 사항, 용어의 정의, SI 단위계의 표시 예, SI 단위의 환산 등에 관한 사항에 대하여 살펴본다.

다음과 같은 기본 용어 정의에 의해 자동차에 사용되는 단위들을 이해할 수 있다.

① **질량**(mass) **kg**

- ·자동차 또는 자동차를 구성하는 부품 등이 중량 현상이나 관성 현상을 나타내는 본질의 양을 말한다.
- ·중량 현상 및 관성 현상에서 가속에 대하여 저항하는 양을 나타낸다.

② **중량**(weight) **N**(Newton)

- ·자동차 또는 자동차를 구성하는 부품 등에 작용하는 지구의 중력을 말한다.
- ·일반적으로는 그 물체의 질량에 표준 중력 가속도(9.0665kg · m/s2)를 곱한 양(중량)으로 표시한다.

③ **하중**(Load) **N**(Newton)

- ·자동차 또는 자동차를 구성하는 부재·부품 등에 작용하는 힘을 말한다.

(2) 자동차 제원 용어와 단위

자동차 제원을 나타내는 주요 용어를 SI 단위계와 종래의 단위계로 구분하면 [표 2-4]와 같다.

[표 2 - 4] 자동차 제원에 사용되는 주요 용어 예

단위	용어	단위	정의
SI단위	공차질량	kg	공차 상태의 자동차 질량
	자동차총질량	kg	최대 적재 상태에서의 자동차 질량
	최대적재질량	kg	최대 적재 질량
	섀시질량	kg	공차 상태의 섀시의 질량
종래의 단위	공차중량	kgf	공차 상태의 자동차에 작용되는 중력
	차량총중량	kgf	최대 적재 상태의 자동차에 작용하는 중력
	최대적재량	kgf	최대 적재 질량의 화물에 작용하는 중력
	섀시중량	kgf	공차 상태의 섀시에 작용하는 중력

(3) 자동차의 주요 제원의 표시

① 자동차에 사용되는 단위와 환산

자동차의 주요 제원을 표시하는 단위와 그 환산 계수를 [표 2 - 5]에 표시한다.

[표 2 - 5] 자동차 제원에 사용되는 주요 용어 예

자동차의 주요 장치		SI 단위	종래의 공학단위	SI 단위로의 환산계수
질량	공차질량	kg		
	자동차총질량	kg		
	섀시질량	kg		
축하중	공차상태	kN	kgf	9.80665×10^{-3}
	적차상태	kN	kgf	9.80665×10^{-3}
	섀시공차상태	kN	kgf	9.80665×10^{-3}
원동기	총배기량	l, L	cc	
	최고출력	kW	PS	0.735499
	최대토크	N · m	kgf · m	9.80665
	압축압력	MPa		9.80665×10^{-2}
	연료소비율	g/kW · h	g/PS · h	1.35962
	분사압력	MPa		9.80665×10^{-2}

자동차의 주요 장치		SI 단위	종래의 공학단위	SI 단위로의 환산계수
제어장치	답력(踏力)	N	kgf	9.80665
	공기압	MPa	mmHg, kgf/c	1.33322×10^{-4}
	제동력	kN	kgf	9.80665×10^{-3}
	감속도		G	9.806655
타이어	공기압	kPa		9.80665×10
소음방지 장치	소음치	dB	dB 또는 폰	
가속도		m/s^2	G	9.80665

② 자동차에 주로 사용되는 단위와 환산 계수

자동차공학에 많이 사용되고 있는 용어의 단위를 SI 단위계로 표시하면 다음과 같다.

㉠ 스프링 정수(상수) : 스프링 정수는 중력 단위계에서는 kgf/ mm로 나타내고 있으며, SI 단위에서는 N/mm로 표시한다.

㉡ 비틀림 강성 : 종래에는 판 스프링(plate spring)이나 브레이크의 비틀림 강성은 중력 단위계로 표시하여 kgf·m/deg로 표시하였다. 그러나 SI 단위계에서는 힘은 N(뉴턴)이므로 비틀림 강성은 N·m/rad가 된다.

㉢ 관성모멘트 : 종래에는 중량단위계로 $kgf \cdot m \cdot s^2$로 표시되었으나 힘은 질량 중력 가속도의 곱이므로 ($kgf=kg \cdot m/s^2$) SI 단위에서는 관성 모멘트를 $kgf \cdot m \cdot s^2 \cdot m \cdot s^2 = kg \cdot m^2$로 표시한다.

㉣ 타이어의 호칭 및 공기압

· 타이어의 호칭 : 타이어의 호칭은 레이디얼 타이어의 경우와 같이 미터계 단위로의 치수 표시는 175/70R14와 같이 하고, 또는 인치 단위계의 경우는 5.00 - 12 등으로 표시하는 경우가 있다. 호칭을 부를 때는 편의상 지금까지 사용하고 있는 종래의 방법을 그대로 사용한다.

· 타이어 공기압 : 종래의 중력 단위계에서는 공기압을 kgf/cm^3로 표시하였다. SI단위계에서는 N/cm^2로 표시한다. 그러나 압력은 고유 명칭을 갖는 유도단위 Pa(파스칼)를 사용하고, 일반적으로 타이어 공기압은 1000배의 접두어를 사용하여 kPa로 나타낸다. [표 2-6]은 자동차 공학 분야에 많이 사용되고 있는 종래 사용단위와 SI 단위의 환산 계수를 나타낸 것이다.

[표 2-6] **자동차에 사용되는 주요 SI 단위와 환산 계수**

양	SI 단위	종래 공학단위	SI 단위의 환산계수
스프링정수	N/mm	kgf/mm	9.80665
비틀림강성	N · m/rad	kgf · m/rad	9.80665
체적에너지	J/m^3	$kgf \cdot m \cdot m^3$	9.80665
관성모멘트	$kg \cdot m^3$	$kgf \cdot m \cdot s^2$	9.80665
마멸률	cm3/(N · m)	cm3/kgf · m	0.101972
충격치(샬피)	J/cm^2	$kgf \cdot m/cm^2$	9.80665
연료소비율	g/(MW · s)	g/(PS · h)	0.377673
	g/(kW · h) [병용단위]	g/(PS · h)	0.277778
	L/km	gal(UK)/mile	2.82481
	l/km	gal(US)/mile	2.35214
기체상수	J/(kg · K)	kgf · m/(kgf · K)	9.80665
감쇄계수	N · s/m	kgf · s/m	9.80665
기계임피던스	N · s/m	kgf · s/m	9.80665

4) SI 단위의 적용 예

(1) 자동차의 제원

자동차의 제원을 나타낼 때 사용되고 있는 주요 제원에 대한 SI 단위는 [표 2-7]과 같이 표시된다.

[표 2-7] **자동차 제원 표에 사용되는 SI단위**

제원		SI 단위
질량(중량)	공차질량(공차중량)	kg
기관	총륜 하중	kN
	총 배기량	cm^3
	최대 출력	kW(rpm)
	최대 토크	N · m(rpm)
	제동평균유효압력	MPa(rpm)
	연료소비율	g/kW · h(rpm)

제원		SI 단위
축하중	공차상태	kN
연료분사노즐	분사압력	MPa
제동장치, 주브레이크, 주차브레이크	제동배력장치 배율의 답력	kN
	진공압 또는 공기압	MPa
	제동력	N, kN
주행장치	타이어 공기압	kPa
내압용기	최고사용압력	kPa

(2) 엔진 성능

자동차 엔진의 성능을 표시하는 데에는 [표 2-7]에 표시한 바와 같이 총 배기량, 최대 출력, 최대 토크, 제동 평균 유효 압력, 연료 소비율 등의 값이 사용된다.

① 총 배기량

엔진의 총 배기량은 엔진이 1 사이클 하는 동안 배출하는 가스체적 로서 그 단위는 cm^3 또는 cc로 표시한다. 또한 같은 회전 속도 조건에서 얻을 수 있는 토크를 그 회전속도에서의 최대 토크라고 하며 N·m(/rpm)으로 표시한다.

$$V = \frac{\pi}{4} d^2 SZ[\mathrm{cm}^3]$$

여기서 d : 실린더 지름[cm], S : 행정[cm], Z : 실린더 수

Q. 다음 제원과 같은 자동차 엔진의 총 배기량과 압축비는 얼마인가?

제원 : 실린더 안지름 100mm	실린더 행정 120mm
연소실 체적 $50cm^3$	실린더 수 4

A. 배기량의 계산 : $V = \frac{\pi}{4} d^2 SZ$

$$= \frac{\pi}{4} \cdot 10^2 \cdot 12 \cdot 4$$
$$= 3768\mathrm{cm}^3$$

압축비 : (942+50) / (50) = 20

② 제동 평균 유효 압력

일반적으로 엔진의 제동 평균 유효 압력(Brake Mean Effective Pressure)은 MPa의 단위로 표시된다. 같은 회전속도 조건에서 제동 평균 유효 압력은 MPa(/rpm)으로 표시한다.

③ 흡입 공기량

흡입 공기 용량 G kg/s 또는 G m^3/s는 다음 식으로 표시한다.

$$G = \frac{\pi}{4} d^2 SZ\rho$$

여기서 : 실린더 지름[m], : 행정[m], : 실린더 수 : 밀도[kg/m^3]

④ 기관의 회전 속도

기관 회전 속도의 단위는 rev/min, rpm이 사용된다.

(3) 냉각 계통의 성능

자동차용 기관의 냉각 계통은 크게 냉각수 펌프, 물재킷, 라디에이터 등으로 구성된다.

① 펌프에 관계되는 단위

펌프의 용량은 m^3/h, 회전속도 rpm, 흡입 수두 m, 송출 압력 kPa 또는 MPa, 소요출력 kW, 구경 m으로 표시한다.

② 라디에이터 성능에 관계되는 단위

자동차용 라디에이터의 성능의 단위는 다음과 같이 표시한다.

- 앞면 풍속 : m/s
- 물 유량 : L/min
- 입구 온도차 : ℃
- 방열량 : kW
- 공기측 압력 손실 : Pa
- 물측 압력 손실 : kPa
- 라디에이터 압력 밸브 열림 압력 : kPa
- 라디에이터 진공 밸브 열림 압력 : kPa
- 기밀시험 압력 : kPa
- 내진성 - 진동 가속도 : m/s^2, 진동수 : Hz, 진동시간 : h

③ 수온 조절기

냉각수 온도를 조절하는 수온 조절기는 밸브가 열리기 시작하는 온도와 완전히 닫히는 온도로써 각각 ℃로 표시한다.

(4) 자동차용 재료

자동차용 철강 재료 및 비철 금속 재료에 대하여는 종래의 kgf/mm²로 표시되던 응력, 압력 및 인장 강도 등을 모두 N/mm², MPa 등으로 표시한다. 일반적으로 금속 재료의 물리적 성질을 나타낼 때 사용되는 단위는 [표 2-8]과 같다.

[표 2-8] **금속 재료의 물리적 성질 예**

물리적 성질	SI 단위	물리적 성질	SI 단위
밀도	kg/m³	고유 저항	μΩ-m
융점	K	비열	kJ/kg·K
세로 탄성 계수	GPa	항복점	N/mm²
가로 탄성 계수	GPa	파괴 강도	N/mm²
열전도 계수	W/m·K	충격 강도	J
열팽창 계수	1/K		

[표 2-9] **플라스틱 재료의 강도 특성 예**

강도 특성	인장 강도	신연율	세로 탄성 계수	압축 강도	굽힘 강도
SI 단위	MPa	%	MPa	MPa	MPa

한편 플라스틱 재료의 강도 특성을 나타내는 SI 단위는 [표 2-9]와 같다.

(5) 엔진의 출력 성능 시험 항목

엔진의 성능 시험에는 가솔린기관 성능시험 방법, 디젤기관 성능 시험 방법에 따라 차이가 있으며, 시험의 주된 측정 항목으로는 엔진 동력 측정, 연료 소비율 측정이 있다. 한편 엔진성능 시험 시의 주된 측정 항목과 단위는 [표 2-10]과 같다.

[표 2-10] 자동차용 내연기관의 측정 시험 항목과 사용되는 단위 예

제원	측정 항목과 SI 단위	
시험 전에 조사하여 측정해 둘 것	대기 상태	기후, 습도, 실온, 대기압
	재료의 상태	밀도[kg/m^3], 저 발열량[kJ/kg]
	윤활유 성질	윤활유의 성질, 밀도, 동점도
실험 중에 측정이 필요한 것들	반드시 측정할 것들	동력계 하중[N]
		연료 소비율
		윤활유 온도
		윤활유 압력[Pa]
		냉각수 입 · 출구 온도
		기화기 스로틀 개도
		분사 펌프의 개도
		흡기압력[Pa] 또는 [mmHg]
	참고로 하거나 또는 필요가 있으면 측정하는 것들	냉각수 유량[1/h], [kg/h]
		흡기공기 유량 [Nm^3/h], [kg/h]
		흡기 및 배기온도
		윤활유 소비량[1/h], [kg/h]
		점화 또는 분사시기[deg]
		배기성분 측정
		지압선도의 폐지
	기록하여 둘 것들	노크상태, 진동음, 가스누설, 오일누설, 물누설, 충전상태, 그 밖의 이상 현상
운전 종료 후 측정할 것들	윤활유 소비량 각부의 점검	

CHAPTER

03

자동차 산업의 태동과 주요기술들

1. 산업혁명을 일으킨 동력 발전의 시대와 자동차 산업의 태동

2. 국내 자동차 산업의 발전

3. 자동차에 영향을 주는 대표적인 재래기술과 미래기술

1. 산업혁명을 일으킨 동력 발전의 시대와 자동차 산업의 태동

1) 외연기관의 증기 원동기 자동차 시대

영국을 중심으로 일어난 2차 산업혁명의 주체가 되었던 대량 생산의 공업 발전은 보다 강력한 동력기계의 발명을 초래하면서 새로운 동력기계를 개발하게 된다.

한편 18세기의 가장 대표적인 교통수단이었던 마차로부터 말을 대신하는 동력원의 개발이 필연적으로 이뤄지면서 새로운 수송용 동력기계가 등장하게 된다.

이 중 가장 대표적인 원동기는 18세기 초 토마스 뉴커먼(Thomas Newcomen, 1664~1729)이 발명한 것으로써 그는 석탄을 태워 이 열을 사용하여 증기를 만들고 그것을 이용하여 동력을 얻어내는 최초의 열기관을 고안하였다.

이 열기관은 콘월지방의 석탄 광산에 보급되어 탄광 내의 물을 퍼내는 장치로 산업화의 최초의 성공을 거둔 증기원동기이다. 이 증기원동기는 열에너지를 기계적 에너지로 바꾸는 열기관 중의 하나로 대표적인 외연기관(External Combustion Engine, ECE)이다.

이 증기원동기는 1769년까지 100여대가 영국에서 사용되었고, 후에 제임스 와트가 발명한 증기기관, 곧 열효율이 좋은 오늘날의 피스톤형의 증기원동기의 원조가 된다. 그리고 뉴커먼은 증기기관에 사용되는 밸브의 개폐를 자동적으로 제어하는 장치를 최초로 고안하였다.

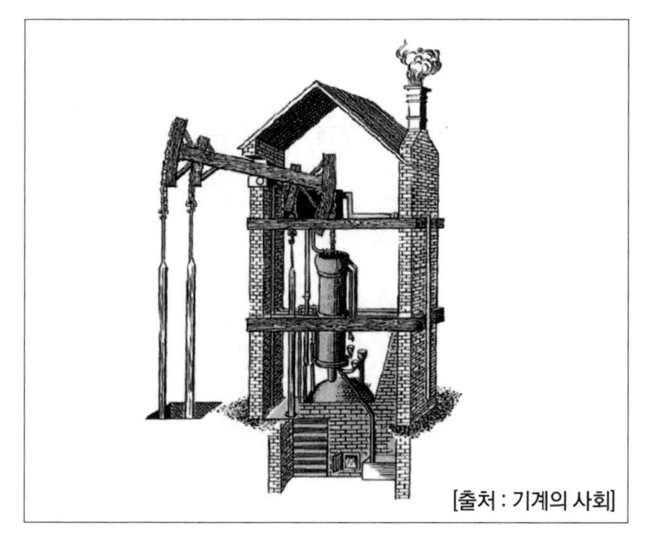

[출처 : 기계의 사회]

[그림 3-1] 석탄을 이용한 최초의 열기관

토마스 뉴커먼의 증기기관을 피스톤의 상하 운동을 회전운동으로 변환하도록 하여 제분기나 공작 기계 등의 작업에 활용하도록 만든 것이 [그림 3-2]의 제임스 와트가 고안한 유성치차 장치이다. 이후 1770년경 조셉 퀴뇨(Nicholas Joseph Cugnot)가 증기기관을 동력원으로 하여 3바퀴 중 앞의 바퀴를 구동하는 퀴뇨 캐리지(Cugnot Carriage)라 명칭한 최초의 증기 원동기 자동차 1호를 제작한다. 이 증기 원동기 자동차는 단순히 포대를 움직이는 군사용 목적의 수레용으로 사용된다.

이어서 1803년에는 영국의 리처드 트레비딕(Richard Trevithick, 1771~1833)이 세계 최초의 증기기관을 사용한 3륜 증기 원동기 승용차를 개발하여 사람을 태우고 시속 14km로 주행하는 데 성공한다. 따라서 당시 마차를 주요 교통수단으로 하던 유럽의 주요 도시에는 많은 증기 원동기 자동차가 등장되고 점차 자동차의 성능과 속도가 증가함에 따라 많은 매연과 수많은 교통사고 문제를 야기하게 된다. 결국 영국의회에서는 1865년 세계 최초의 자동차 교통 관리법인 소위 적기조례(Red Flag Act)라는 법을 공표하여 시행하게 된다. 이 법의 제정은 당시 유럽의 다른 나라들이 자동차산업을 급진적으로 발전시키고 있었는데도 불구하고 영국의 자동차 산업을 위축시키는 데 지대한 영향을 미치게 된다. 이후 말없는 마차의 증기 원동기 자동차 시대는 100여 년간 지속되며 발전하였으나 증기기관이 갖는 자동차용 열기관의 단점을 해결하지 못하고 자동차에서보다는 철도 차량의 주 원동기로 쓰이게 된다. 대신에 이어서 내연기관이라는 새로운 자동차용 엔진이 출현하면서 자동차용 증기기관은 19세기 말 완전히 사라지게 된다.

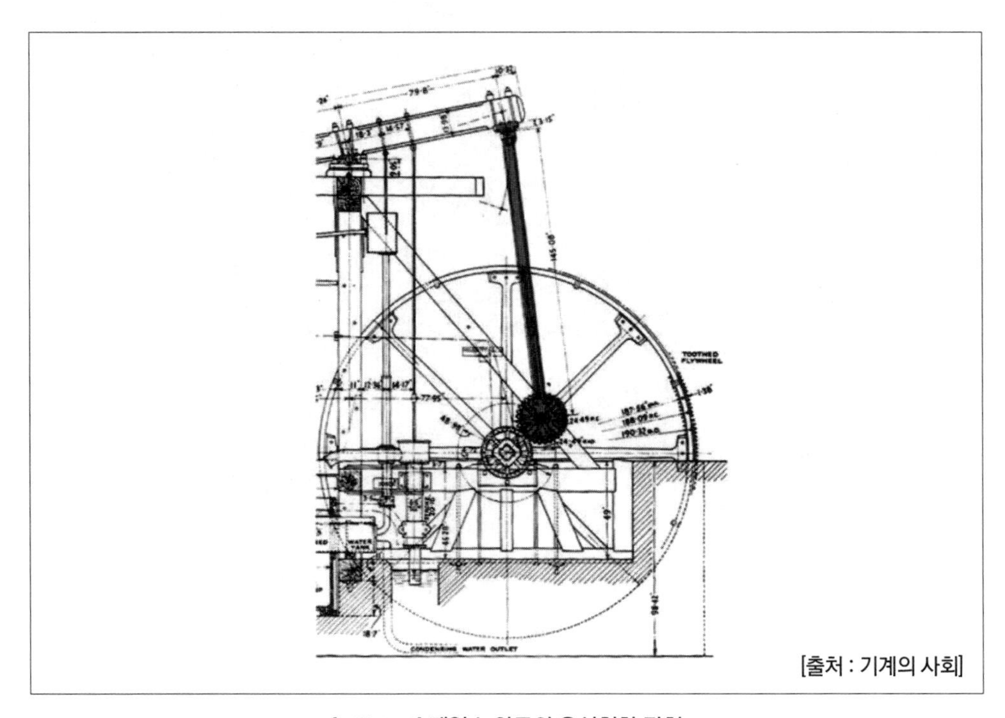

[출처 : 기계의 사회]

[그림 3-2] **제임스 와트의 유성치차 장치**

[출처 : 기계의 사회]

[그림 3 - 3] 니콜라우스 오토(Nicolaus Otto)의 내연기관

[그림 3 - 4] 물건을 운반하기 위한 증기원동기를 이용한 증기 원동기 자동차

2) 피스톤 형 내연기관 자동차 시대

증기 원동기 자동차의 증기기관은 물을 끓여 증기를 만드는 보일러와 복수기 등 대형 설비를 필요로 하며, 연료로 연소시켜 그 열로 증기를 발생하고 그 증기로 자동차를 시동할 때까지의 시간이 걸리는 등 많은 단점이 있다. 따라서, 이를 보완하는 대책으로 새로운 열기관을 개발하게 된다. 증기기관에서 열에너지를 기계적 에너지로 변환하는 역할을 하는 증기의 작동유체 대신에 연료의 연소로 생기는 고온의 연소가스로 직접 피스톤을 작동시키는 간편한 방식의 열기관이 내연기관(Internal Combustion Engine, ICE)이다.

최초의 내연기관의 원리는 이미 1680년경 네덜란드의 화학자 크리스티안 호이겐스(Christiaan Huygens, 1629~1695)가 화약 같은 연료를 폭발시켜 그때 발생한 연소 가스의 열에너지를 기계적 에너지로 변화시키고자 하는 시도가 있었고, 1794년 영국의 로버트 스트리트(Robert Street)는 연료의 폭발 연소에 의해 피스톤을 움직여 왕복 운동으로 동력을 얻고자 하는 연구를 진행하였다. 1833년 영국의 W.L 라이트(W. L. Wright)는 가스와 공기의 혼합물을 연소 폭발시켜 그 연소 압력으로 피스톤을 작동시켜 동력을 얻는 가스 폭발식 내연기관을 발명하였다. 이어서 1838년 영국의 바네트(W. Barnett)는 연소시키기 전에 가스를 미리 압축시키는 것이 엔진 열효율을 좋게 한다는 원리를 찾아내고 압축식 연소 방식과 연료의 점화장치를 고안해 오늘날과 같은 전기점화식 내연기관의 탄생에 커다란 공헌을 한 바 있다. 1860년 벨기에의 에티엔느 르노아르(J. Etienne Lenoir)는 전기에 의한 점화장치를 이용하여 가스를 연료로 하는 2사이클의 열효율 4% 정도의 내연기관을 발명하여 시중에 출시한다. 1862년에는 프랑스의 알퐁스 외젠 뷰 드 로카스(Alphonse Eugene Beau de Rochas, 1815~1893)가 4행정 사이클 기관의 원리를 발표한다. 이 기관에서는 혼합기를 압축하고 후에 점화하여 폭발하는 방식이 열효율을 향상시킬 수 있다는 원리를 발견하면서 흡입·압축·폭발(팽창)·배기의 4행정 사이클 엔진이 탄생하게 된다. 그 후 이 원리의 4행정 내연기관이 실제 기관에 응용되기까지는 많은 시간이 걸리고, 드디어 1876년에 비로소 독일의 니콜라우스 아우거스트 오토(Nicolaus August Otto, 1832~1891)가 오늘날의 전기점화 기관의 원형을 갖춘 4행정 사이클(오토 사이클)로 작동되는 가스 기관을 발명한다. 이어서 1881년 영국의 드갈드 클러크(Sir Dugald Clerk, 1854~1932)는 2행정 사이클로 작동되는 2행정 엔진을 발명한다. 1883년에 독일의 고틀리프 빌헬름 다임러(Gottlieb Wilhelm Daimler, 1834~1900)가 가스 대신에 가솔린을 기화시키는 기화기(Carburetor)를 발명하고 이를 장착한 4행정 사이클의 가솔린기관을 실용화시킨다. 그 후 내연기관은 급진적으로 발전되어 1885년에는 영국의 윌리엄 덴트 프리스트맨(William Dent Priestman, 1847~1936)이 기화가 비교적 어려운 석유를 증발시키고 전기점화시키는, 오늘날 농기 엔진의 시초가 되는 석유 기관을 발명하고, 1886년에는 영국의 허버트 아크로이드 스튜어트(Herbert Akroyd Stuart, 1864~1927)가 적열되어 있는 연소실 벽에 석유를 분사하여 증발 점화시키는 소구기관을 발명하여 소형 어선 등에 널리 쓰이게 된다. 그 이후에 1897년에는 독일의 루돌프 크리스티안 칼 디젤(Rudolf Christian Karl

Diesel, 1858~1913)이 공기만을 흡입하고 압축하여 연료를 분사·착화시키는 방식으로 압축 점화 방식의 디젤 기관을 발명하면서 오늘날의 내연기관의 발전에 토대를 이룬다. 현재 사용되고 있는 내연기관은 피스톤과 실린더를 갖춘 왕복동형 내연기관과 터빈형 회전식 내연기관 및 추진력으로 작동되는 로켓의 형으로 대별된다.

이렇게 다양하게 개발된 내연기관은 1885년부터 처음으로 자동차에 적용하기 시작하였으며 현재까지 자동차에서는 실린더에서 피스톤이 왕・복동으로 작동하며 크랭크축에 동력을 발생하는 피스톤형 엔진이 대세를 이루고, 전기점화에 의한 스파크 점화방식의 가솔린 엔진 자동차와 압축점화 방식의 디젤 엔진 자동차가 내연기관 자동차를 대표하고 있다.

[표 3 - 1] **내연기관(內燃機關)의 종류**

<table>
<tr><th>구분</th><th colspan="2">기관</th><th>주연료</th><th>착화법</th></tr>
<tr><td rowspan="8">피스톤형
왕복기관</td><td colspan="2">① 가스기관</td><td>가스</td><td>전기점화</td></tr>
<tr><td colspan="2">② 가솔린 기관</td><td>가솔린</td><td>전기점화</td></tr>
<tr><td colspan="2">③ 석유기관</td><td>등유</td><td>전기점화</td></tr>
<tr><td colspan="2">④ 열구기관</td><td>경유・중유</td><td>자연착화(시동 시 가열)</td></tr>
<tr><td colspan="2">⑤ Hesselmann 기관</td><td>경유・등유</td><td>전기점화</td></tr>
<tr><td colspan="2">⑥ 저속 디젤기관</td><td>중유</td><td>압축발화</td></tr>
<tr><td colspan="2">⑦ 고속디젤기관</td><td>경유</td><td>압축발화</td></tr>
<tr><td colspan="2">⑧ 디젤 가스기관</td><td>경・중유를
가스와 병용</td><td>압축발화</td></tr>
<tr><td>회전식</td><td colspan="2">⑨ 로터리 기관</td><td>가솔린</td><td>전기점화</td></tr>
<tr><td rowspan="4">터빈식
회전기관</td><td colspan="2">⑩ 터보제트(turbojet)</td><td>제트연료(JP)</td><td>전기점화(시동 시)</td></tr>
<tr><td colspan="2">⑪ 터보프롭(turboprop)</td><td>제트연료(JP)</td><td>전기점화(시동 시)</td></tr>
<tr><td rowspan="2">⑫ 가스터빈</td><td>개방형</td><td rowspan="2">중・경・등유,
미분탄, 가스</td><td rowspan="2">전기점화(시동 시)</td></tr>
<tr><td>밀폐형</td></tr>
<tr><td rowspan="2">무압축기
제트</td><td colspan="2">⑬ 램 제트(ram jet)</td><td>제트연료(JP)</td><td>전기점화(시동 시)</td></tr>
<tr><td colspan="2">⑭ 펄스제트(pulse jet)</td><td>제트연료(JP)</td><td>전기점화(시동 시)</td></tr>
<tr><td rowspan="2">⑮ 로켓</td><td colspan="2">고체연료 로켓</td><td>고체연료</td><td>신관・전기점화</td></tr>
<tr><td colspan="2">액체 로켓</td><td>산화제와 연료</td><td>혼합에 의한 자연발화</td></tr>
</table>

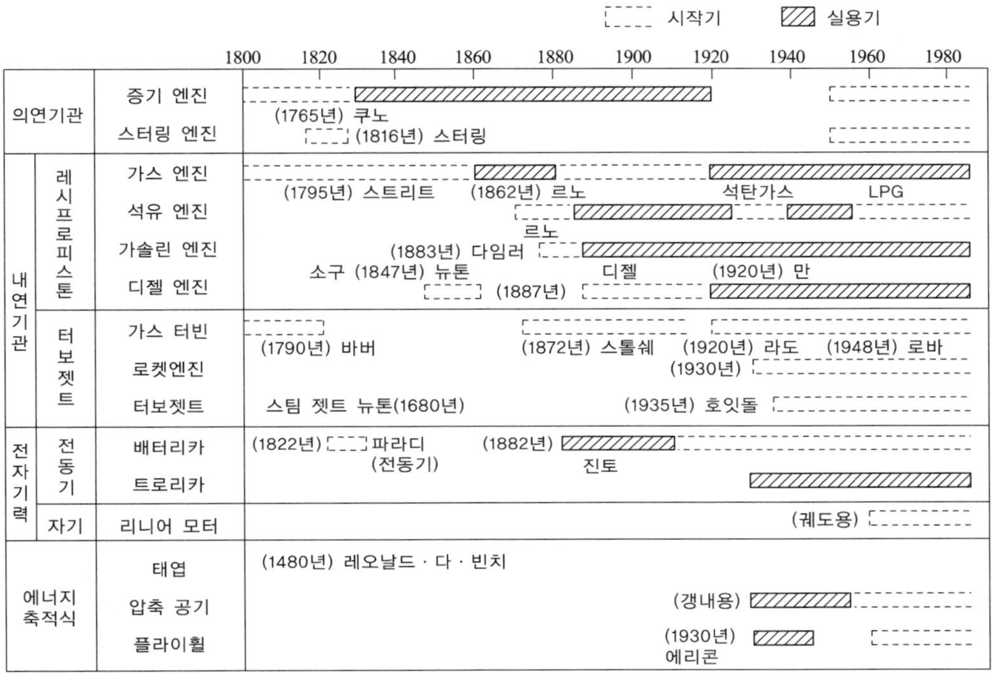

시작기 실용기

구분		기관	1800 · 1820 · 1840 · 1860 · 1880 · 1900 · 1920 · 1940 · 1960 · 1980
외연기관		증기 엔진	(1765년) 쿠노
		스터링 엔진	(1816년) 스터링
내연기관	레시프로피스톤	가스 엔진	(1795년) 스트리트 (1862년) 르노 석탄가스 LPG
		석유 엔진	르노
		가솔린 엔진	소구 (1847년) 뉴톤 (1883년) 다임러
		디젤 엔진	(1887년) 디젤 (1920년) 만
	터보젯트	가스 터빈	(1790년) 바버 (1872년) 스톨쉬 (1920년) 라도 (1948년) 로바
		로켓엔진	(1930년)
		터보젯트	스팀 젯트 뉴톤(1680년) (1935년) 호잇돌
전자기력	전동기	배터리카	(1822년) 파라디 (전동기) (1882년) 진토
		트로리카	
	자기	리니어 모터	(궤도용)
에너지 축적식		태엽	(1480년) 레오날드 · 다 · 빈치
		압축 공기	(갱내용)
		플라이휠	(1930년) 에리콘

년 도	발 명 가	내 용
1680	크리스티안 호이겐스(Christian.Huygens) (네덜란드)	내연기관의 시도
1824	카르노(N.L Carnot) (프랑스)	카르노 열기관 사이클 이론
1833	라이트(W.L.Wright) (영국)	가스 폭발식 내연기관
1838	윌리엄 바네트(William Barnett) (영국)	압축과정을 둔 내연기관
1860	에티에 르노아르(Lenoir, Etienne) (프랑스)	전기점화장치의 가스엔진
1862	뷰드 로카스(M.Alph Beau de Rochas) (프랑스)	4행정 사이클 기관의 원리
1876	니콜라우스 오토(Nikolaus August Otto) (독일)	4행정 사이클 가스기관
1881	드갈드 클러크(Dugald Clark) (영국)	2행정 사이클 엔진
1883	고틀리프빌헬름다임러(Gottlieb Wilhelm Daimler) (독일)	기화기, 4행정 가솔린기관
1885	윌리엄 텐트 프리스트맨(William Dent Priestman) (영국)	석유 기관
1886	허버트아크로이드 스튜아트(Herbert Akroyd Stuart) (영국)	열구기관
1897	루돌프 크리스티안 칼 디젤(Rudolf Christian Karl Diesel) (독일)	압축점화방식의 디젤기관

[그림 3-5] **자동차용 엔진과 내연기관의 역사**

3) 전기 에너지의 전기자동차 시대

증기기관이나 내연기관과 같이 연료를 연소시켜서 얻어진 열 에너지를 기계적 에너지인 동력으로 변환하여 바퀴를 구동하는 열기관 자동차는 연소과정에서 생기는 매연이나 구동시스템의 진동 등 개발 시기에 많은 기계적 문제를 포함하고 있었다. 이런 문제로 개발 초기에 마차의 원동력으로 가장 주목되던 것이 전기모터이다. 전기 모터는 전기 에너지만 있다면 진동 없이 정숙하게 축의 회전 동력을 얻을 수 있고, 연소가스에 의한 매연도 없이, 내연기관의 열에너지 변환 열효율의 몇 배가 되는 출력 효율을 가질 수 있다는 장점을 가진다. 자동차가 전기 에너지를 가질 수 있는 방법은 외부로부터 충전되는 배터리를 탑재하는 것과 자동차 자체에서 전기를 만들어 쓰는 방법이 있다. 자동차 개발 초기의 전기 자동차의 개발은 오스트리아의 자동차 설계자 페르디난드 포르쉐 박사(Ferdinand Porsche, 1875~1951)가 근무하던 에거 로너(Egger Lohner) 자동차 제조사에서 1899년 최초의 4륜 모터 구동 방식의 전기 자동차를 제작하여 출시하며 시작된다. 1900년대 초 미국의 각종 전기장치의 발명가인 에디슨(Thomas Alva Edison, 1847 ~1931)과 같은 많은 전기 기술자들에 의하여 개발이 시도되어 10여년간 수만 대가 도로 상에 주행하게 된다. 그러나 파워 유니트 등의 해결하기 어려운 문제들로 인하여 당시 급진적으로 개발되던 내연기관 엔진 자동차와 경쟁이 되지 못하고 도태되고 만다. 전기 자동차의 대표적인 파워 유니트는 장거리를 주행할 수 있는 많은 전기 에너지 저장의 배터리와 강력한 구동 모터이다. 1980년대에 들어오면서 자동차 배출가스의 대기공해 문제가 대두되게 되고 또다시 내연기관 자동차를 대체하는 전기 자동차의 연구가 다시 활발하게 이뤄진다. 2000년대 이후부터는 장시간 고출력을 낼 수 있는 배터리와 강력한 구동 모터가 개발되고 있어 전기자동차(EV : Electric Vehicle) 수요가 증가되고 있다. 또한 최근에는 자동차 내에서 수소 연료에 의해 직접 전기를 발생시켜 모터로 구동하는 수소 연료 전지(FC : Fuel Cell) 전기자동차도 활발히 개발되어 미래 자동차의 한 축을 이뤄가고 있다.

[출처 : http://blog.naver.com/fgmqurv/30166544477]

[그림 3-6] 1900년대 초 에디슨과 전기 자동차

[그림 3-7] 최초의 양산 연료전지 자동차(2013, 현대 투싼ix)

2. 국내 자동차 산업의 발전

1) 국내 자동차 공업의 발전

국내 공업 발전의 과정을 보면 [그림 3-8]과 같이 60년대에는 일상생활에 근간이 되는 의류, 신발 등의 생활 필수품 생산이 주력 산업이었다. 70년대에 들어서서 중화학공업의 태동으로 전자, 가전, 철강 산업이 이뤄지고, 80년대에는 양산 제품의 생산가동 시스템이 이뤄지면서 금속·기계 부품의 생산이 활성화 되고, 90년대에 들어서면서 자동차 산업과 반도체 산업의 기초를 이뤄가기 시작한다. 2000년대에 들어서면서 미래 산업으로 지목되는 항공 우주, 원자력 등 고부가가치 산업으로 발전의 기틀을 만들어가고 있다. 기간산업의 대표격인 자동차 공업의 발전 과정을 보면 [그림 3-9]에서 보는 바와 같이 7I의 7단계로 순환적으로 발전해 왔다고 볼 수 있으며 자동차 산업의 후발 국가들도 자동차 공업 선진국의 모델을 따라 각국이 대략 30여년 차이로 태동하여 순차적으로 발전해가고 있다.

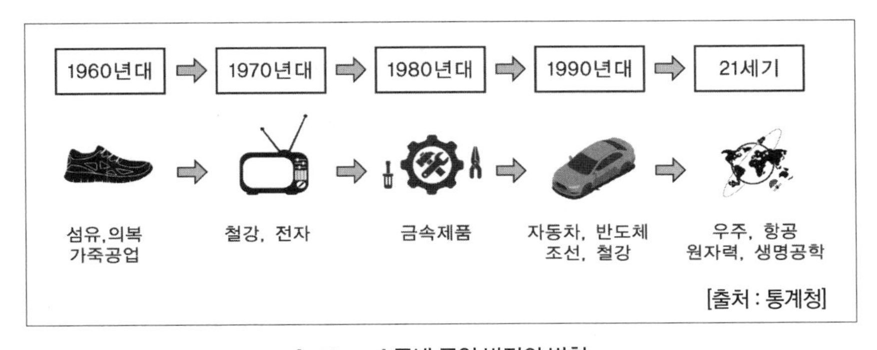

[그림 3-8] 국내 공업 발전의 변천

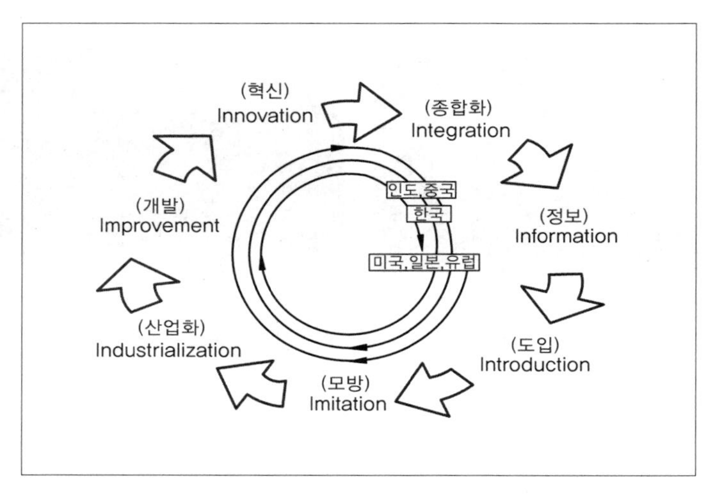

[그림 3-9] **자동차 공업 발전 과정의 7단계**

2) 국내 자동차 관련 산업

국내 자동차에 관련된 산업분야를 보면 [그림 3-10]과 같이 크게 자동차 제조 부문, 생산에 필요한 생산자재 부문, 판매와 정비 서비스 부문, 각종 유통 관련 부문, 운수, 이용에 관련된 부문으로 대별되며 각 부분별 다수의 관련 사업을 필요로 하고 있다. 단일 공업 분야에서 가장 많은 고용 규모를 갖고 있으며, 한 나라의 대표적 기간산업이라 할 수 있다.

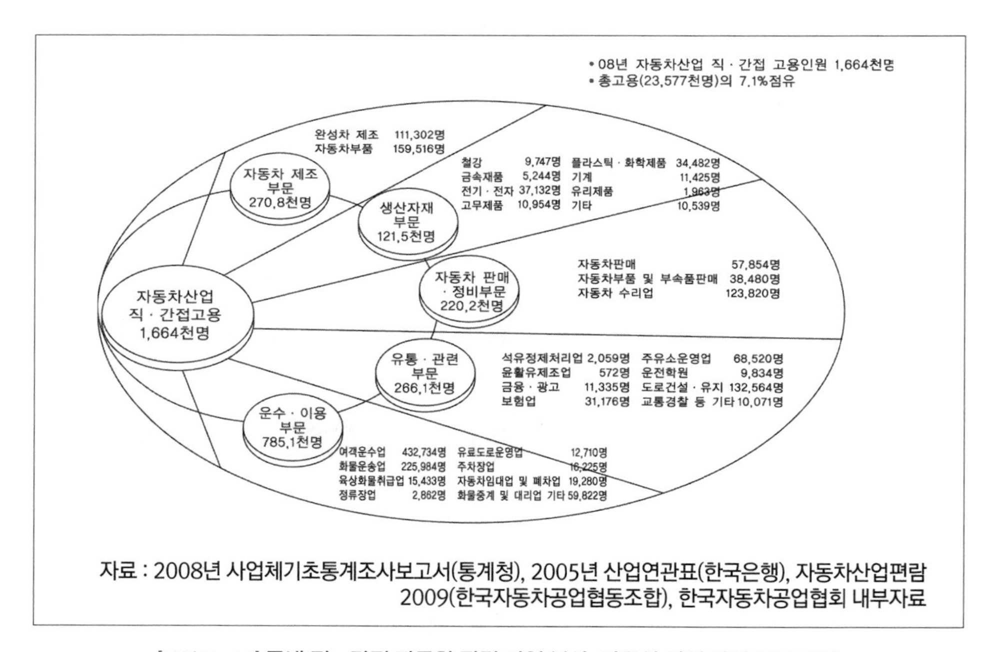

[그림 3-10] **국내 직 · 간접 자동차 관련 사업 분야, 자동차 관련 산업 규모 모델**

3. 자동차에 영향을 주는 대표적인 재래기술과 미래기술

1) 21세기 미래 기술 환경

21세기의 대표적인 기술은 정보 통신 기술(IT;Information Technology), 바이오 기술(BT;Bio Technology), 나노 기술(NT;Nano Technology), 항공 우주 기술(ST;Space Technology), 환경 기술(ET;Environment Technology), 문화 · 콘텐츠 기술(CT;Culture Technology)로 나눌 수 있다. 이러한 6가지의 기술들이 융 · 복합적으로 공조되어 발전되며 새로운 산업기술을 창출하고 제품의 개발이 이뤄지고 있다고 할 수 있다.

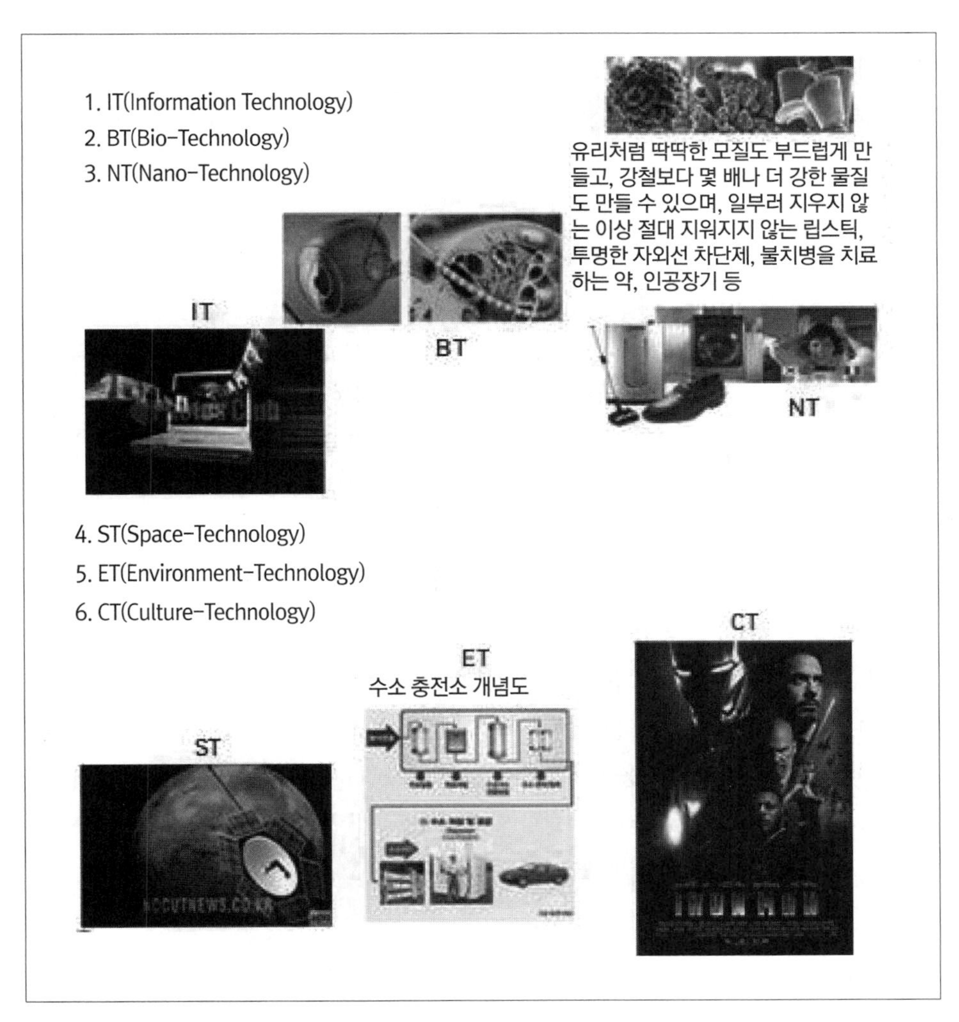

[그림 3-11] 21세기 미래 기술 환경

2) 21세기의 우리나라 주요 공업 기술

(1) D-RAM 및 NAND Flash 기술

D - RAM은 Dynamic Ram으로 컴퓨터의 주 메모리 장치를 이루는 임의 접근 기억 장치(램, Random Access Memory) 중 하나이며 정보를 구성하는 개개의 비트를 각기 분리된 축전기(Capacitor)에 저장하는 일종의 반도체 칩이다. NAND(Not - AND) Flash 메모리는 전기적으로 데이터를 지우고 다시 기록할 수 있는 비휘발성 컴퓨터 기억 장치를 말한다.

NAND(Not - AND) Flash 메모리 기술의 대표적인 활용 기기로는 디지털 음악 재생기(MP3), 디지털 카메라, 휴대 전화를 들 수 있다. 일반적으로 데이터를 저장하고 컴퓨터 사이에서 데이터를 소송하는 용도로 USB 드라이브를 많이 사용하는데, 이때에도 플래시 메모리가 쓰인다. 또한 게임기에서 자료를 저장하기 위해 EEPROM(Electrically Erasable Programmable Read-Only Memory) 대신 플래시 메모리를 자주 사용하면서 게임기 시장에서도 큰 인기를 얻고 있다.

(2) CDMA System & Phone 기술

CDMA 단말기 기술은 코드 분할 다중접속(Code Division Multiple Access, CDMA)방식의 이동 통신에서 코드를 이용한 다중접속 기술의 하나이다. 1996년부터 한국에서 최초로 상용화되고, 단말기의 소형화, 경량화, 복합화를 필요로 하는 MP3(음악 재생기), 소형 카메라 등 디지털 기기시장에서 인기를 얻고 있다. 나아가 RFID(Radio Frequency Identification), 디지털 홈 네트워크, 원격 의료시스템 등 유비쿼터스 시대에 중추적으로 기여하는 기술이기도 하다.

(3) LCD 기술

LCD(Liquid Crystal Display)는 기술 액정 디스플레이(Display) 또는 액정 표시장치로 얇은 디스플레이 장치의 하나이다. 전력이 적게 소모되기 때문에 휴대용 모니터 장치에 많이 쓰인다. 휴대폰, 노트북 PC, 컴퓨터 모니터 및 LCD TV 등에 응용되고 점차 두루마리 LCD 디스플레이 등 유연성을 지니는 LCD가 개발된다.

(4) 인터넷 온라인 게임 기술

인터넷 온라인 게임은 웹 게임(Web Game)과 브라우저 게임(Browser Game)으로 웹 브라우저로 즐기는 정보통신 기술을 이용한 모든 종류의 게임을 말한다. 웹 브라우저 게임이라고 부르는 것이 일반적이지만, 편의상 웹 게임이라고 줄여서 부르고 있다. 웹 게임은 본래 텍스트를 기반으로 즐기는 머드 게임에서 유래되었으며, 인터넷만 연결되어 있으면 웹 브라우저를 통해서 쉽게 이용할 수 있고 게임의 구조도 일반적인 PC 게임 소프트웨어에 비해 간단해서 컴퓨터 사양의 제약을 크게 받지 않는다. 최근 무선 인터넷과 스마트 폰을 주축으로 하는 모바일 환경이 발전하면서 웹 접속 플랫폼이 다양해져 언제 어디서든 편리하게 웹 게임을 즐길 수 있게 된다.

(5) LNG 운반선 설계 및 제조 기술

LNG(Liquefied Natural Gas) 운반선은 LNG 탱커를 통해 액화천연가스를 전문적으로 수송할 수 있는 특수 선박이다. 액화천연가스는 비중이 0.5 이하로 가볍고, 메탄을 주성분으로 하고 있어 섭씨 - 161.5℃ 이하가 아니면 상압 하에서 액체로 되지 않기 때문에, 가압될 수 있는 탱크에 초저온 조건 하에서도 선체 구조재가 취성파괴를 일으키지 않기 위해 천연가스의 액화 특성을 고려한 선체 설계 기술이 중요시 되고 있다.

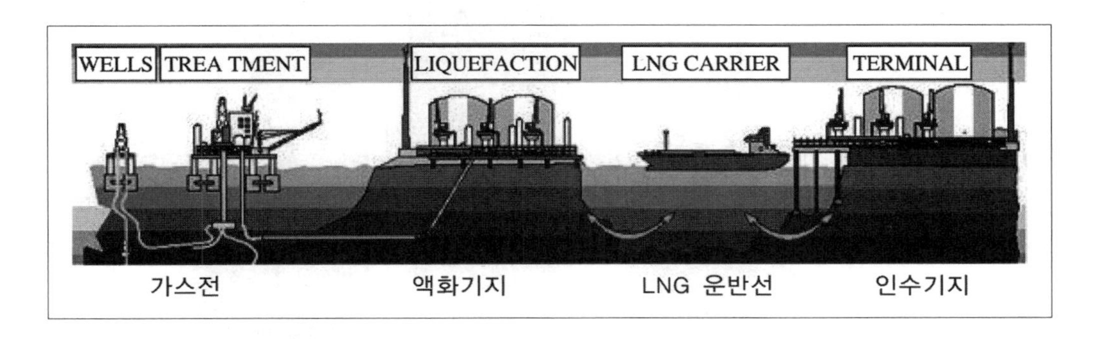

(6) 미래에도 유효한 자동차 설계 및 제조 기술

세계적으로 자동차 생산 자국 메이커를 보유하고 있는 나라는 한국을 비롯하여 미국, 일본, 독일, 프랑스 등의 몇 개국 뿐이다. 한국 자동차 산업은 독자 설계 및 개발 능력을 확보하고 있으며 그 역량은 설계 및 제조 기준으로 세계 선두 그룹에 속하고 있다. 초기 품질 수준은 전 세계 메이커 중 상위권에 있으며(J. D Power IQS기준), 미래형 친환경차인 연료전지 자동차의 설계 및 개발 능력, 시범 운행차량의 성능 측면에서도 세계 선두 그룹을 형성하고 있다. 향후 십수 년간에 요구되는 자동차 기술은 지구환경, 지역 환경에 대응하는 것과 안전운전을 지원할 수 있는 사항이 필수조건이다. 그 외에는 대체 에너지의 개발, 연료전지 등을 이용한 신 엔진 개발이 필요하다. 또 안전운전을 위해 전자정보기술의 도입은 자동차 자체만이 아니라 자동차와 자동차 간의 통신, 자동차 도로에서의 통신이나 위성을 이용한 통신 기술이 구사되고 있다. 21세기에 있어서도 자동차가 물류수송의 수단이 될 수밖에 없다. 반면에 사람이나 환경에 악영향을 주면서 존재하는 것은 허용되기 어려워진다.

(7) 초고층 건축 기술

초고층 건축 기술은 구조물에 작용하는 외력인 지진, 풍압력, 하중 및 변위 등을 해석하고 설계하기 위한 구조공학과 소음, 진동, 공조 등 실내 주거환경 등에 대한 환경공학, 그리고 재료 및 시공에 대한 엔지니어링 요소 기술들의 유기적 관리가 요구되는 최첨단 건설 핵심기술 분야이다. 초고층 건축기술의 핵심 요건은 구조의 안전성을 보장하고 비정형화되는 건축에 수반되는 건설비용의 증가 문제를 합리적으로 해결하기 위해 구조 및 시공기술을 개발하고, 첨단 IT 기술 등과 융합하는 지능형 시뮬레이션 기술을 기반으로 시장이 확대되고 있다. 우리나라는 세계 3대 최고층 건물 시공에 참여하여 그 기술력을 입증하고 있다. 앞으로도 국・내외에 100층 이상의 초고층 건물들이 우리 기술에 의해 설계되고 시공될 것이다.

말레이시아
Petronas Tower
88층, 1998년

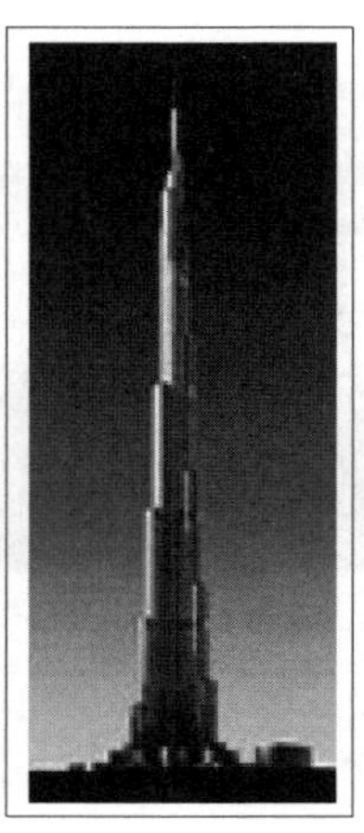

중동
Burj Dubai Tower
160층, 2005년

타이완
Taipei Financial Center
101층, 2004년

(8) 2차 전지(리튬 2차 전지) 기술

리튬 2차 전지는 화학에너지와 전기에너지의 가역적 상호변환으로 충전과 방전을 반복할 수 있는 화학 전지의 일종이다. 지금까지는 납축전지, 니켈카드뮴, 니켈 수소 전지 등이 많이 사용되어 왔으나, 전지의 에너지밀도가 기술적 한계에 도달하고 환경규제법안 등의 영향으로 이를 대체할 수 있는 고성능의 니켈 수소 전지와 리튬 2차 전지 개발이 절실히 요구되고 있다. 리튬 2차 전지는 리튬 이온전지, 리튬 이온폴리머전지, 리튬 금속폴리머전지로 구분된다. 리튬 이온 2차 전지는 가볍고, 전기화학적 표준전위가 높은 리튬을 활물질로 이용함으로써 높은 전지전압(~4V)과 큰 에너지 밀도를 갖고 있으며, 양극, 격리막, 음극, 전해액으로 구성되어 있다. 리튬 이온의 전달이 전해액을 통해 이루어지기 때문에, 전해액이 누수되어 리튬 전이금속이 공기 중에 노출될 경우 전지가 폭발할 수 있고 또한, 과충전 시에도 화학반응으로 인해 전지 케이스 내의 압력이 상승하여 폭발할 가능성이 있어, 이를 차단하기 위한 기술적인 보호회로가 필수적으로 필요하게 된다.

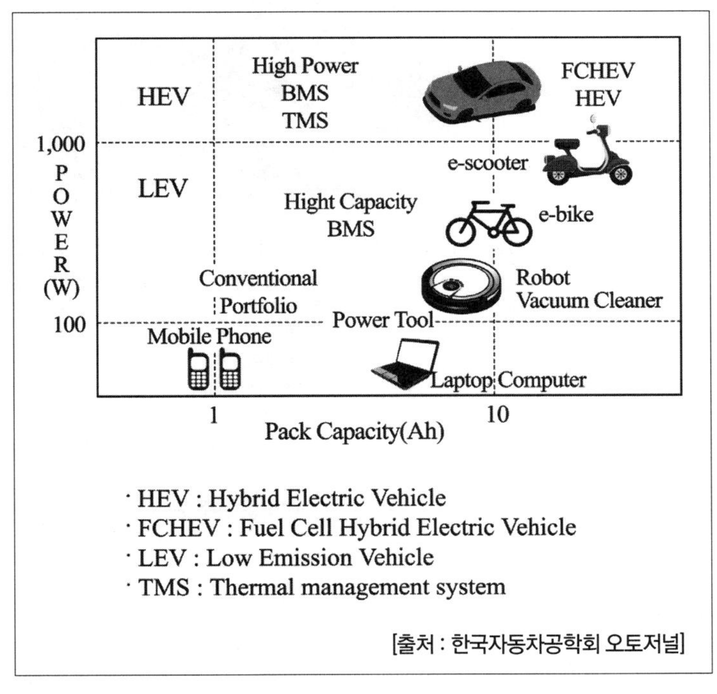

[그림 3-12] 리튬 2차 전지의 적용 제품

(9) 한국형 표준 원전 기술

대한민국이 그동안 쌓아온 한국형 표준 원전의 설계기술은 새로운 원자로 개발의 기술적 기반을 형성하는 계기가 되고 있으며, 나아가 원전 이외의 각종 공업 플랜트의 기본설계(Basic Design)기술 등에 대한 기술 파급효과도 크다. 또한, 한국형 표준 원전은 21세기를 대비해 전원 개발의 표준화 및 국산화를 위한 타 국가의 주요 모델의 하나로 고려되고 있고, 동남아시아, 중동 등 원자력 개발 도상국에 대한 해외 수출의 기반이 되고 있다.

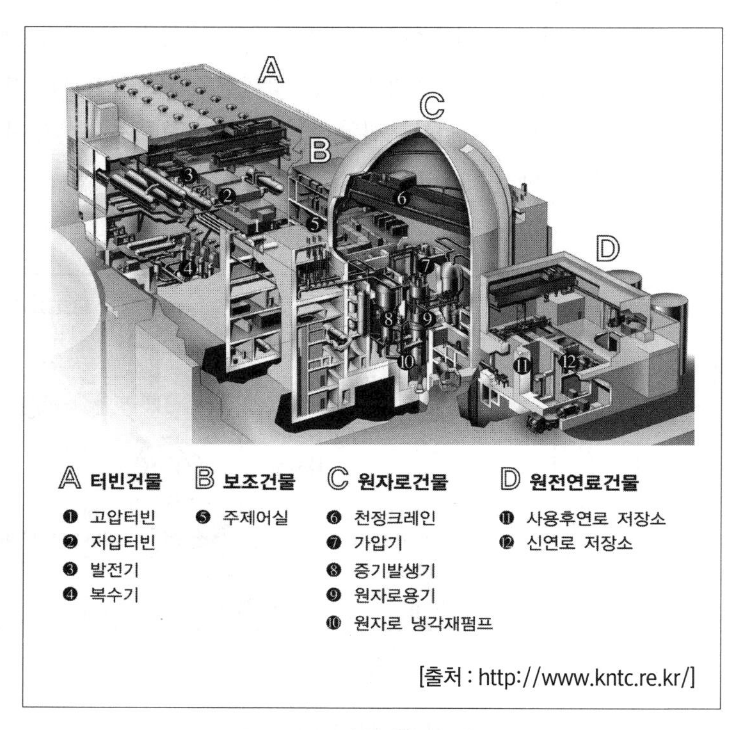

[그림 3-13] **한국형 표준 원전**

(10) 철강 제조 기술

철강 제조 산업은 모든 산업의 근간이 되는 주요 소재 산업이며, 각국이 자국 산업 발전에 절대적으로 필요로 하는 소재의 원천이 되므로 중점적으로 관리되는 국가기간 산업이 된다. 따라서 국제적으로 대량 생산이 요구되는 매우 치열한 경쟁 산업이다.

(11) 유비쿼터스 시스템

미래 정보통신 기술에서 유비쿼터스 시스템은 시간과 장소에 구애받지 않고 언제 어디서나 정보통신망에 접속을 하여 다양한 정보통신 서비스를 이용하는 것으로 여러 가지 사물에 컴퓨터와 정보통신기술을 통합하여 언제 어디서나 사용자와 커뮤니케이션을 할 수 있는 네트워크 기술이다. 유비쿼터스의 기술사회가 이뤄진다면 밖에서 시간과 장소에 구애받지 않고 원격적으로 집안일들을 할 수 있고, 원격적으로 감시 제어를 할 수 있게 된다.

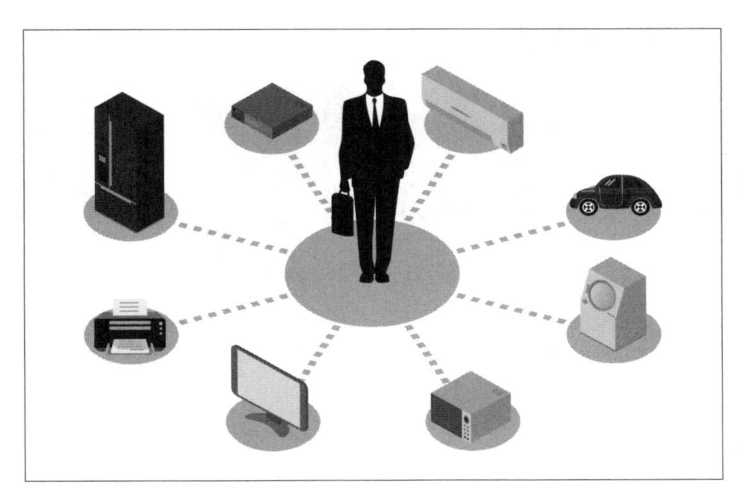

[그림 3-14] 유비쿼터스 시스템의 예

(12) 지능에 감성까지 갖춘 로봇 기술과 인공지능(AI) 기술

선진국가에서는 산업 인구의 감소와 노동력의 가치 증가로 인간 노동력을 대체하는 인공지능(AI) 기술을 도입한 미래의 로봇의 활용이 절대적으로 증가할 것이며, 이러한 로봇 기술은 원격 조정 시스템, 가상현실, 생체로봇, 마이크로 로봇, 마이크로 조립기술, IBS(Intelligent Building System) 시스템 등에 널리 응용되고 있다.

[그림 3-15] 여러 가지 로봇들

(13) 생명공학 기술

유전 공학적인 생명의학 기술은 자연계에 존재하는 동식물이 가지고 있는 특성을 이용하여 인간에 침투하는 온갖 병원균에 저항하는 의약품을 개발하면서, 인간의 생명을 건강하게 연장할 수 있는 의학 기술의 발전에 크게 공헌하게 되고, 농축산물의 품종 개량 등을 이루는 기술로 특히, 인류의 식량 문제 해결에도 도움이 되고 있다.

[그림 3 - 16] **생명공학 기술의 예(복제 양 돌리 등의 동물 복제)**

(14) 소재의 나노기술

여러 산업 분야에서 나노기술이 적용되고 있으며, 깃털처럼 가벼우면서도 강철보다 강한 섬유 물질의 개발 등 특히 소재 산업에서 나노 소재기술의 획기적인 성과를 이루며 나노 기술은 신물질 개발에 원천이 되고 있다.

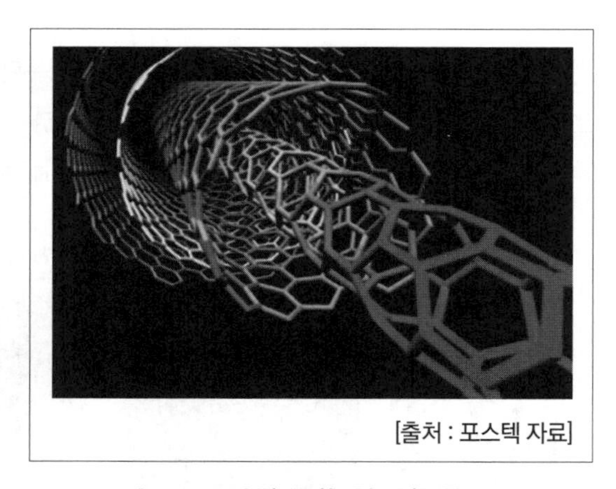

[출처 : 포스텍 자료]

[그림 3 - 17] **길고 가는 탄소나노튜브**

(15) 하늘을 나는 배 위그선과 드론기술

위그선(WIG Ship)은 비행기를 닮은 모양에, 바다 위를 1미터 정도 떠서 고속으로 이동할 수 있는 선박 또는 항공기를 말한다. 1990년대 후반 국제해사기구(IMO)는 바다에서 고도 150m 이하로 움직이는 기기를 모두 선박으로 분류하고 있다.

위그선은 비행체가 바다 수면 위를 비행할 때 날개와 지면 사이에 공기가 갇혀 압력이 높아지는 현상으로, 날개의 익단 와류의 강도가 작아지면서 유도항력이 감소하고 양력이 증가하는 비행체의 지면효과를 이용하여 만든 선박이다. 지면효과를 이용한 위그선은 하늘을 나는 동일한 형상의 비행체에 비하여 더 큰 양항비를 가질 수 있어서, 비행 성능이 향상될 수 있다. 또한, 고공을 나는 비행기처럼 높이 올라가지 않기 때문에 이륙하는 데 필요한 에너지가 절약되고 연료비가 적게 들면서도 종래의 선박보다 월등하게 빠른 해상운송이 가능해 진다. 또한 무인항공 운송기술의 기반이 되는 드론기술도 급진적으로 발전하고 있다.

[출처 : www.naver.com 위키 백과]

[그림 3-18] 러시아의 위그선

(16) 신재생 에너지 기술

기존의 화석 연료 에너지의 문제점을 해결할 미래의 신재생 에너지 기술로 태양광 및 태양열, 풍력, 조력을 비롯한 자연 에너지를 이용하는 기술, 연료 전지 기술, 바이오 에너지, 수소에너지, 핵융합 에너지 기술 등의 개발이 중요시되고 있다.

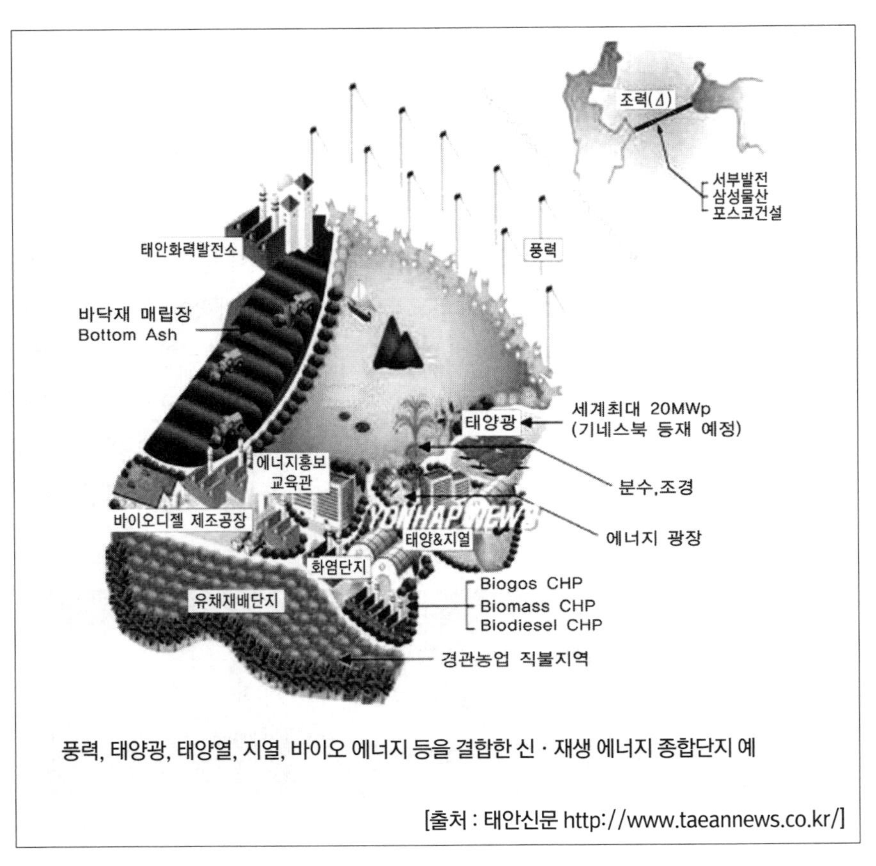

[그림 3-19] 신 · 재생 에너지 종합단지 추진

(17) 보안과 안전 기술

일상생활에 적용되는 시스템 보안과 안전 시스템 기술은 첨단 IT 기술과 접목하여 보다 강화된 성능을 갖춰가며, 자동차 운행을 비롯한 안전을 요하는 모든 산업에서도 응용되고 있다.

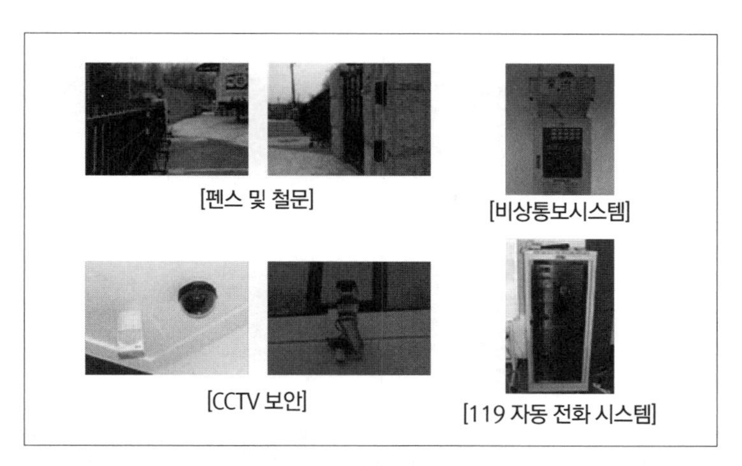

[그림 3-20] **각종의 보안 설비**

(18) 항공 우주 기술

미래 우주 항공 시대는 기계공학과 항공공학, 통신제어공학을 복합시킨 융합기술 개발에 의해 실현 가능해지고 있다.

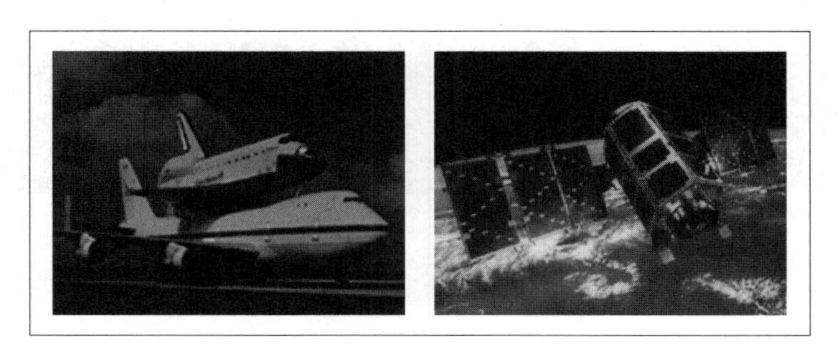

[그림 3-21] **항공 · 우주의 기술 개발**

CHAPTER

04

사회 환경과 자동차의 영향

1. 자동차가 가져온 사회의 이동 속도 변화
2. 지구 환경과 자동차의 배출가스 문제
3. 자동차 기술자의 인적 자원

1. 자동차가 가져온 사회의 이동 속도 변화

18세기 초 토마스 뉴커먼(Thomas Newcomen, 1664~1729)은 석탄을 태워 증기를 만들고 이 증기를 이용하여 피스톤을 움직이는 최초의 열기관을 고안한다. 이후 1770년 조셉 퀴뇨(Nicholas Joseph Cugnot)는 증기기관을 이용하여 화포를 이동하는 수레용 증기 원동기 자동차를 만든다. 이 자동 증기 원동기는 시속 3.2km 정도로 수십 분 간을 정차해서 증기를 만들어야 되므로 불편함이 여간 적지 않았다. 그러나 1803년에 영국의 리처드 트레비딕(Richard Trevithick)이 증기기관을 이용한 승용차를 개발함으로써 사람을 태우고 달릴 수 있는 증기 원동기 자동차의 가능성을 증명하게 되고, 이후 증기 원동기 자동차 시대의 서막이 열리고 100여년간 증기 원동기 자동차의 시대가 지속되며 발전된다. 그 후 연료를 기관의 내부에서 연소시키고 그 연소 가스를 직접 작동 유체로 하여 기계적 에너지를 얻고자 하는 새로운 열기관인 내연기관의 발명에 대한 노력이 19세기 말에 들어와서 결실을 맺게 된다. 1885년 이 내연기관을 이용하여 독일의 칼 벤츠는 1770년 조셉 퀴뇨(Nicholas Joseph Cugnot)가 만든 증기 원동기 자동차의 외형적 구조와 같은 3륜차를 개발한다. 이 3륜차는 1기통 4행정의 엔진으로 매분 250회전하여 3/4마력의 힘으로 시속 13km의 일정 속도로 주행할 수 있게 된다. 당시에 이 속도는 기계를 사용하는 이동 수단으로 사회에 놀라움을 주기에 충분하였을 것이다. 이 자동차에는 전기점화장치와 실린더가 과열되면 냉각을 시키는 냉각수의 순환 라디에이터, 자동차의 회전 시에 좌우 차륜의 속도를 조절하는 차동기어 시스템의 특징을 갖추게 된다. 이 시스템들은 오늘날 자동차의 설계에서도 기본적인 자동차공학 기술이다. 이렇게 태동된 자동차는 20세기를 거치면서 시속 400km 이상의 속도를 갖는 현대 문명의 이기로 가장 대표적인 기술로 발전하였고, 우리 일상생활에서 시간적, 공간적으로 보다 신속하고 광대한 물류 이동과 더불어 인간 사회생활의 패턴을 바꾸는 데 중요한 역할을 하게 된다.

지금까지 인류의 문명 발전과 함께한 기본적인 산업은 의식주(衣食住)에 관련된 산업이라 할 수 있으며, 현대 사회에서 자동차의 발전과 더불어 또 하나의 산업, 즉 동(動)의 산업이 대표적으로 자리 잡게 되었다 할 수 있다. 동의 산업은 자동차와 같은 물류의 이동과 IT 분야와 같은 정보, 지식의 이동을 내포하고 의식주와 더불어 일상생활의 근간을 이루고 있다. 자동차를 비롯한 물류이동의 수송과 정보기술에 의한 정보의 신속한 이동은 우리 인류사회에 여러 가지로 지대한 영향을 미치게 된다.

2. 지구 환경과 자동차의 배출가스 문제

20세기 내연기관 자동차의 급진적인 발달과 함께 자동차의 석유에너지 의존도는 에너지 정책에 가장 큰 비중을 두게 되고, 자동차 보유도가 높은 세계의 대도시에서는 자동차 배출 가스에 의한 대기환경 문제가 또 다른 사회 문제로 대두된다. 1950년대에 발생된 런던 스모그(Smog)와 1970년대에 발생된 L.A 스모그(Smog) 현상은 대도시의 대기환경에 대한 지대한 관심을 가져오게 한다. 지구환경의 문제가 대두되면서 1972년 스웨덴의 스톡홀름에서 유엔 인간 환경 회의가 개최되고 그 다음 해에 국제 연합 환경 계획(United Nations Environment Programme : UNEP)이 창설된다. 따라서 이 기구에 의해 환경에 관한 국제 연합의 활동이 조정되면서 세계 각국에서도 환경정책이 중요한 국가정책의 하나가 된다.

1) 지구온난화와 온실가스

지구의 대기는 수증기를 포함하여 이산화탄소, 메탄가스, 아산화질소, 오존 및 프레온가스 등의 가스로 하나의 대류권의 성층을 이루고 있다. 태양으로부터 지표면에 도달된 복사선 열은 적외선(infrared) 또는 열복사(thermal radiation)의 형태로 다시 우주로 방출되거나, 대기 중의 수증기나 이산화탄소와 같은 온실가스는 이 열을 흡수하여 대기를 따뜻하게 유지시켜 주는 온실효과(Greenhouse Effect)가 이루어진다. 이런 자연스러운 온실효과는 인간과 자연 생태계가 지상에서 살아갈 수 있는 기온 환경을 만들어주는 요인이 된다. 그러나 성층을 이루는 온실가스의 과도한 증가와 그 효과로 방출되는 에너지의 장해가 생겨나면 지구의 평균기온 상승을 유도하게 되고 양극 지대의 빙하가 녹고 여러 곳에서 이상기온 현상이 일어나는 등의 자연 생태계에 이상적인 현상이 발생된다는 것이 온실효과 이론이며, 지구 온난화의 문제로 이어진다. 이러한 문제는 1980년대 말부터 관심을 끌면서 국제적으로 대두되게 된다.

1997년부터 1998년에 걸쳐서 발생한 '엘니뇨'라는 이상기후의 현상으로 인도네시아에서는 극심한 가뭄에 의해 산불피해가 발생되고, 남미의 페루 등지에서는 예년에 없는 호우에 의한 피해를 입었다. 2003년 유럽 각지가 특이하게 폭염에 휩싸이고, 2005년에는 미국 남부에서 허리케인 카트리나에 의한 대규모 재해가 발생하는 등 해수면의 증가로 인한 해일과 홍수들이 세계 여러 곳에서 이상기후 현상이 나타났다. 이런 현상들을 모두 지구 온난화의 현상에서 기인한다고 보고 원인은 지구 대기권의 온실 효과에서 비롯된다라고 보고있다.

대기를 구성하는 여러 가지 기체들 가운데 온실효과를 일으키는 기체인 온실가스(Greenhouse Gases)에는 이산화탄소(CO_2), 메탄(CH_4), 아산화질소(NO_2), 프레온(CFC), 오존(O_3), 수소불화탄소(HFCs), 과불화탄소(PFCs), 육불화유황(SF_6) 등을 지적하고 있다.

이러한 온실가스 중 이산화탄소(CO_2)의 비중이 제일 크며 세계 산업 발전의 성장과 더불어 이산화탄소의 발생량이 비례적으로 증가하게 되고 지구 평균온도의 증가에 영향을 미치는 것으로 여겨지고 있다.

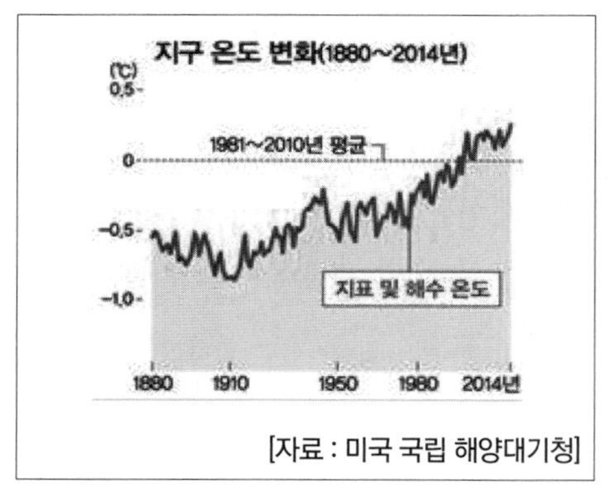

[자료 : 미국 국립 해양대기청]

[그림 4 - 1] 지구의 평균온도 변화

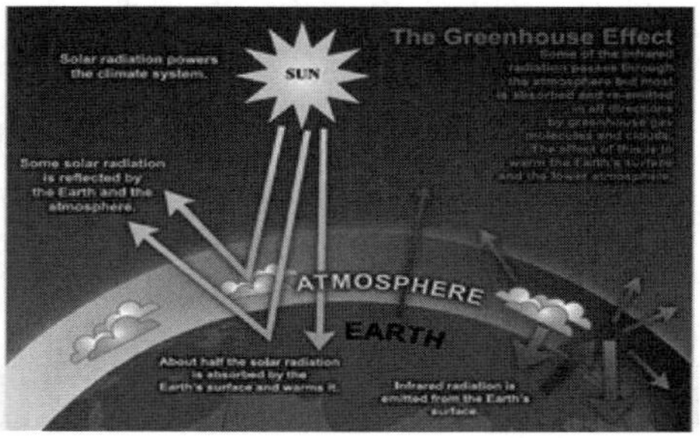

[출처 : global-green house warning]

[그림 4 - 2] 지구 온난화 메커니즘

[그림 4 - 3] 주요 온실가스

◆ Significant increase in atmospherie temperature over last four decades
◆ Atmospheric Temperature trace is almost same as CO_2 concentration trace!

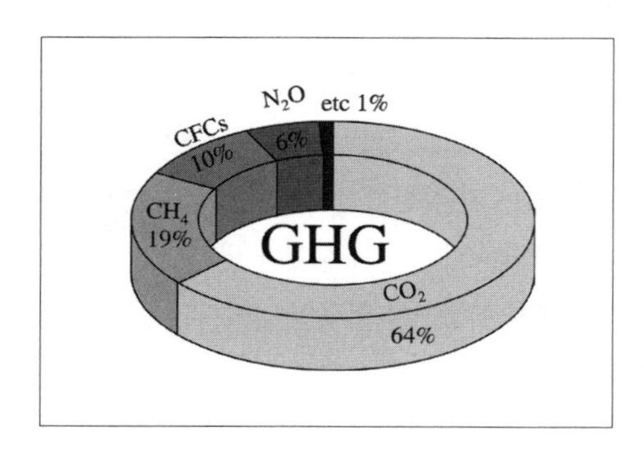

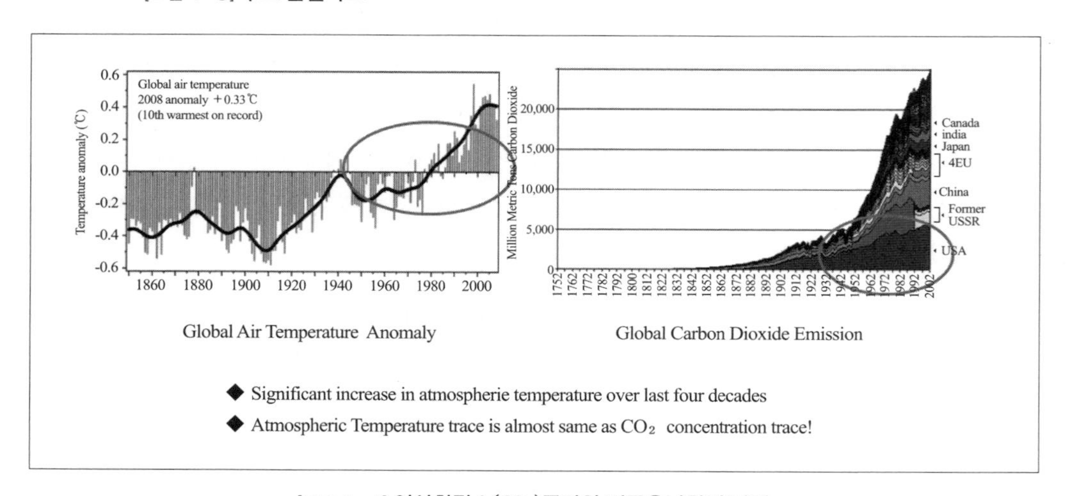

[그림 4 - 4] 이산화탄소(CO_2)증가와 지구온난화의 관계

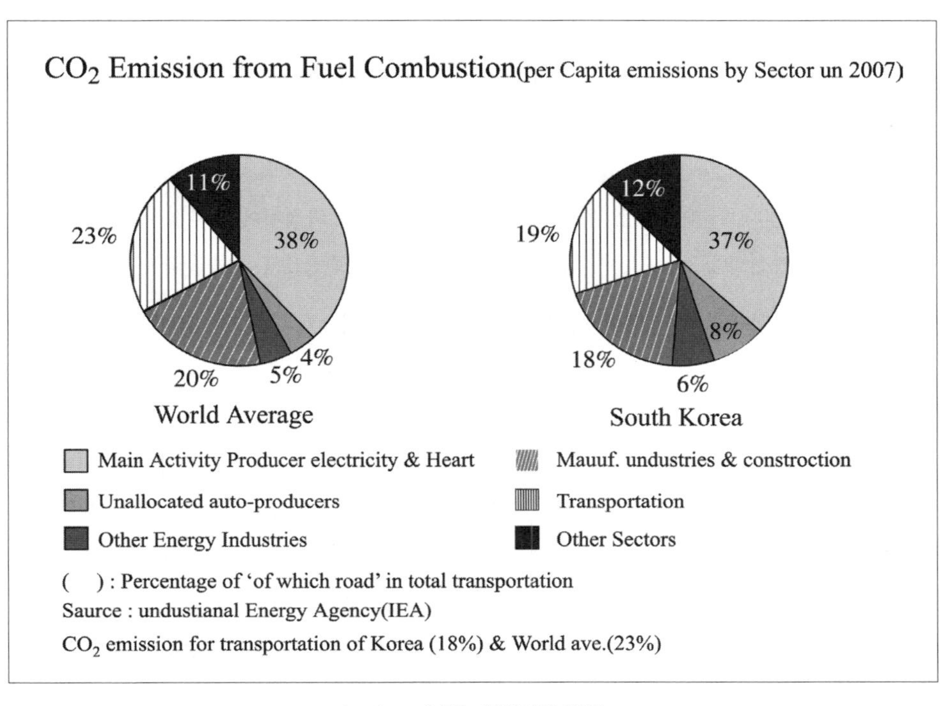

[그림 4-5] CO_2 발생량의 비중

2) 대기 환경 문제와 세계 기후 협약

20세기 산업 발전으로 야기된 지구 대기환경 문제를 해결하기 위해 국제연합 기구에서는 대책방안을 연구하기 시작한다. 1972년 스웨덴의 스톡홀름에서 유엔 인간 환경회의가 개최되고 그 다음 해에 국제 연합 환경계획 유네프(UNEP ; United Nations Environment Programme)가 창설되면서 세계 각국에서는 환경정책에 비중을 두게 된다. 1982년 자메이카에서 제3차 해양법에 관한 국제 연합 회의(UNCLOS - III, 1973년~1982년)의 결과로 해양 오염 방지와 해양 생태계의 보호를 위한 해양법에 관한 국제 연합 협약(United Nations Convention on the Law of the Sea, UNCLOS)의 국제협약을 채택한다. 1985년에는 오스트리아의 비엔나에서 각 나라의 대표가 모여 오존층 보호를 주요 내용으로 하는 빈 협약을 채택하고, 이어서 1987년에는 지구 오존층 파괴의 원인이 되는 화학물질의 생산과 사용을 규제할 목적으로 몬트리올에서 몬트리올 국제환경협약이 체결된다. 이후 기후 변화에 관한 국제 연합 기본 협약(The United Nations Framework Convention on Climate Change. : UNFCCC 혹은 FCCC : 유엔기후변화협약 혹은 기후변화협약)이 1992년 6월 브라질의 리우데자네이루에서 체결된다. 기후 변화 협약은 이산화탄소를 비롯해 각종 온실 기체의 방출을 제한하고 지구 온난화를 막는 데 주요 목적이 있으며 온실 기체에 의해 벌어지는 지구 온난화를 줄이기 위한 국제 협약이다.

이어서 매년 기후 변화 협약의 구체적 이행을 위한 후속 조치인 각국 정상들의 협의체인 유엔 기후 변화 협약 당사국 총회(UNFCCC COP, Conference of the Parties under the United Nation's Climate Change Convention)가 열리고 1997년에는 제3차 당사국 총회에서 교토 의정서를 채택하고, 정부 간 기후 변화 위원회(IPCC, Intergovernmental Panel on Climate Change)에서 이산화탄소 등 여섯 종류의 온실가스를 규정하여 2008~2012년까지 배출 수준을 1990년 대비 5.2% 감소하기로 결정한다. 교토 의정서에서 지정된 온실가스는 이산화탄소(CO_2), 메탄(CH_4), 아산화질소(N_2O), 수소불화탄소(HFCs), 과불화탄소(PFCs), 육불화유황(SF_6)의 총 6종이다.

해당 당사국들은 자발적 감축 협약에 의해 각 나라 별로 자체적으로 온실가스 감축방안을 제시하고 실현한다. 이 협약 중 각 지역에서의 자동차에 관련된 주된 내용으로 유럽연합에서는 2008년까지 신규 등록 자동차의 평균 이산화탄소 배출량을 140g/km로의 저감을 목표로 하고, 2012년까지 27개국에서 판매 등록되는 승용차의 평균 이산화탄소 배출량을 차량에서 130g/km까지 추가로 저감하며 타이어, 에어컨 등의 부대 시스템에서 10g/km까지 추가로 감축하는 데 합의하였다. 일본에서는 2002년부터 경유 자동차의 질소 산화물을 35% 감축, 2007년부터는 2002년 기준의 절반 수준으로 감축하기로 하고, 유럽 연합의회에서는 자동차 기술만으로 이산화탄소 배출량을 2015년까지 120g/km, 2020년까지 95g/km, 2025년까지 70g/km로 줄이고 2015년 이후에는 240g/km 이상인 차의 판매를 금지하는 방안 등의 논의가 이루어진다. 자동차 생산 주요 국가들은 2020년까지 평균적으로 연간 5% 이상의 온실가스 저감 목표를 갖고 자동차 연비 향상 기술을 도모하고 있다.

3) 자동차 배출가스 규제

세계의 자동차 선진국들은 각자 자국의 자동차 배출 규제를 선정하고 있으며, 한국도 유럽과 동일한 시점에 동일 규제를 디젤 기관 자동차에 적용하고 있고, 가솔린 기관 자동차는 미국과 동일한 구제를 적용하고 있다. 2015년 미국에서 폭스바겐의 일부 디젤 기관 자동차에서 임의 설정 문제가 전세계적인 사회적 이슈로 대두된 이후 유럽은 배출가스를 측정하는 운전모드를 대폭 강화하게 된다. 기존의 NEDC(New European Driving Cycle) 모드에서 가혹도가 대폭 강화된 WLTC(Worldwide harmonized Light vehicles Test Cycles)운전 모드로 변경하고 시험조건도 대폭 강화하여 WLTP(Worldwide harmonized Light vehicles Test Procedure)를 도입하여 시행하고 있다. 여기에 실도로에서 차량을 주행하면서 배출가스를 측정하는 실도로 주행 배출가스 평가법(RDE, Real Driving Emission)을 시행하고 있으며 이를 위하여 차량의 후면부에 이동식 배출가스 측정 장치(PEMS, Portable Emissions Measurement System)를 장착하여 실도로에서 차량을 주행하면서 실시간으로 배출가스를 측정하는 규제를 시행하고 있다. [그림 4-6]은 유럽과 미국의 자동차 배출가스 규제 동향을 나타낸다.

자동차에서 배출되는 유해 배출가스 뿐만 아니라 지구온난화 가스의 대표 물질인 이산화탄소(CO_2)의 배출 규제도 날로 강화되고 있는데, [표 4-1]은 자동차 주요국의 이산화탄소 배출 규제 동향을 나타낸다. 향후의 규제 목표는 점차 더욱 강화될 것으로 예상된다.

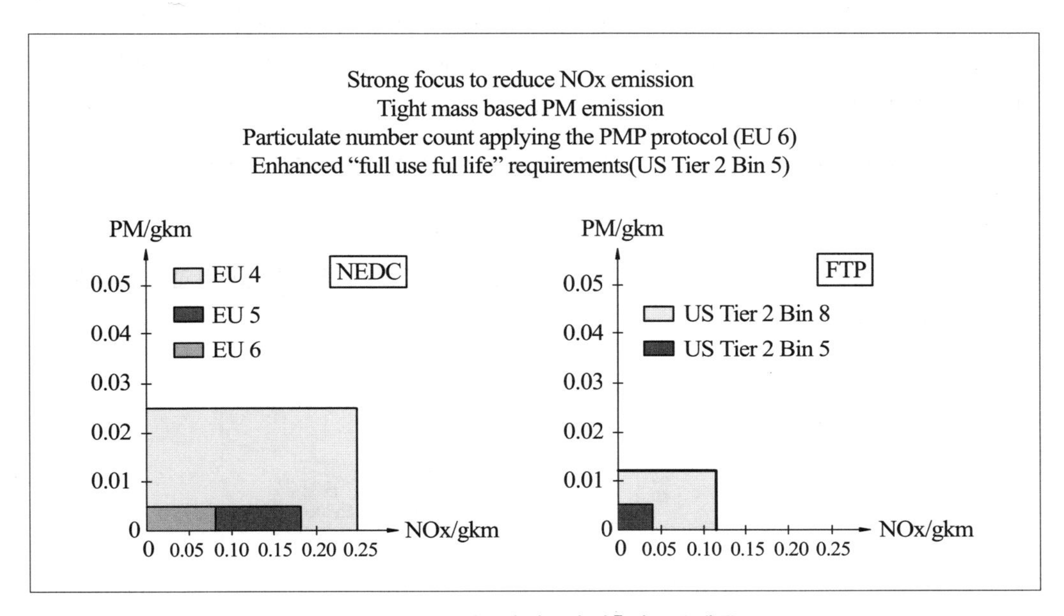

[그림 4-6] **유럽, 미국의 자동차 배출가스 규제 목표**

[표 4-1] **유럽, 미국, 중국의 온실가스 저감 목표**

	EU(유럽연합)	USA(미국)	China(중국)
승용차에 대한 온실가스/연비규제	95g/km CO_2 (2020) 70g/km 예상 (2025)	155g/km CO_2 (2016) 101g/km CO_2 (2025)	5.0L/100km 116g/km CO_2 (2020)

2012~2020 : 연평균 온실가스/연비 5% 저감 필요

3. 자동차 기술자의 인적 자원

1) 공학인이 가져할 특성

자동차 기술은 수많은 기능 부품 시스템으로 이뤄진 공학기술의 총화로 고도의 전문 지식과 집중적이고 치밀한 설계 기술을 요하고 있다. 따라서 자동차 기술인으로 일반적으로 공학인들이 갖추어야 할 소양을 바탕으로 전문기술의 함양이 요구된다.

공학인은 첫째로 자기중심적이지 않고 타인을 위해 즉, 인류를 위해 공헌하는 것을 목적으로 하는 사명감과 봉사정신을 필요로 한다.

둘째, 명석한 과학적 사고의 해석력과 새로운 것을 창조할 수 있는 창조력을 갖고 타인의 업무와 조화를 이룰 수 있는 총합 능력이 요구된다.

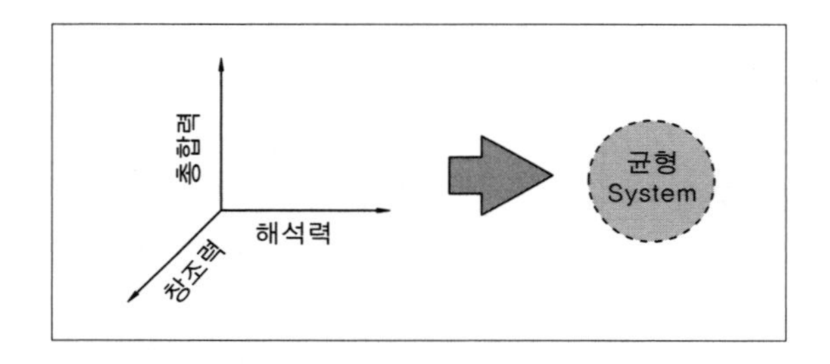

셋째, 자연에 존재하는 모든 것에는 밝혀지지 않은 미지의 지식이 무한히 포함되어 있다. 이에 궁금증을 갖는 지적 호기심은 과학적 사고의 원천이다. 따라서 공학인은 지적 호기심이 많을수록 창조력을 발휘할 수 있는 기반이 된다.

넷째, 문제 해결에 있어 끈질긴 인내와 집착력으로 문제 해결의 돌파구를 만들기 위해 인내와 집중력 있는 근성이 요구된다.

다섯째, 개인적인 문제 해결과 공과로 단품의 성과를 이루기보다 전체적인 시스템 조화로 만들어지는 총합 시스템의 창조가 중요함에 따라 절대적인 상호협조성이 요구된다.

2) 자동차 공학인의 인재상

자동차가 아무리 지능적이고 우수한 성능을 갖는 시스템으로 잘 만들어져도 기계적인 객체에 불과하다. 결국 이를 설계하고 만드는 모든 일의 주체는 사람이다. 따라서 훌륭한 자동차를 만들기 위해서는 훌륭한 인재부터 양성해야 한다. 이에 대응하는 훌륭한 인재상은 책임있는 자세와 행동을 갖춘 진취적인 도전의식과 주위의 동반자로서 더불어 일하고 함께 사는 데 힘을 합칠 수 있는 포용력을 가져야 한다. 자동차 산업은 한 국가의 기간산업으로 나라가 갖는 자긍심의 경제적 주체가 된다. 따라서 자동차 기업은 세계가 주목하는 최고의 기업으로서 탁월한 경쟁력을 갖출 수 있도록 글로벌 기준의 가치와 성과를 지향하여 비전 달성의 주인공이 되겠다는 포부를 갖는 인재를 요구한다. 소비자의 욕구에 부합할 수 있는 설계를 위해서는 폭 넓은 감수성을 갖출수 있는 문화적 소양을 필요로 한다. 또한, 환경 보호와 자원 고갈 등의 위협이 자동차 산업의 근본적인 변화를 불러오므로 이에 대처할 수 있는 미래를 준비하는 감성을 갖고 노력하는 자세를 필요로 한다.

CHAPTER

05

자동차의 공학적 기능

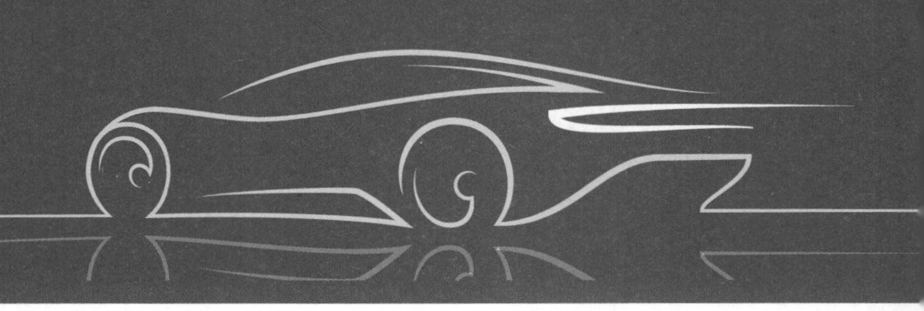

1. 자동차의 동력원

2. 자동차의 분류

3. 자동차의 형상을 표시하는 제원

4. 자동차의 구조

1. 자동차의 동력원

1) 동력발생장치(Prime Mover, 원동기)

자연계에 존재하는 여러 가지 형태의 에너지를 역학적으로 변환시켜 동력을 얻는 장치를 원동기(Prime Mover)라 하며 대표적인 것으로는 열에너지를 이용한 열기관(Heat Engine), 풍력을 이용한 풍차(Wind Mill), 수력을 이용한 수차(Water Wheel) 등이 있다. 열기관은 내연기관(Internal Combustion Engine)과 외연기관(External Combustion Engine)으로 나눈다.

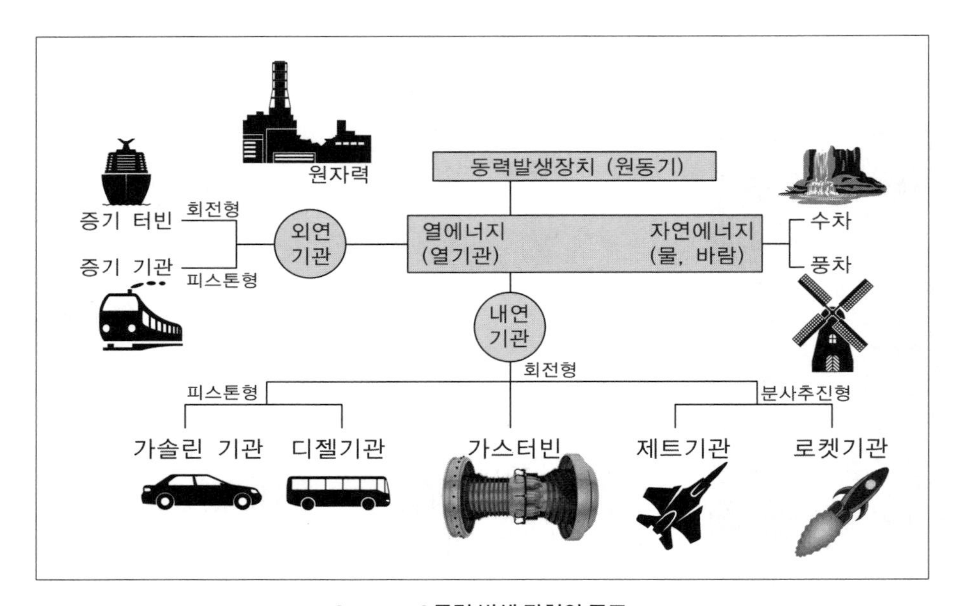

[그림 5 - 1] **동력 발생 장치의 구조**

2) 열기관(Heat Engine)

자동차의 주 동력원으로 이용되고 있는 열기관은 내연기관(Internal Combustion Engine)과 외연기관(External Combustion Engine)으로 분류된다. 이러한 열기관은 시스템의 구성 요소, 작동 방법 등에 의해 여러 가지 형태를 갖게 되고 각각의 명칭을 지닌다. 외연 기관은 실린더와 피스톤으로 구성되어 고압의 증기로 피스톤을 작동시켜 크랭크축의 회전 동력을 얻어내는 증기기관(Steam Engine)과 고압의 증기로 터빈의 날개를 회전시켜 회전 동력을 얻어내는 증기터빈(Steam Turbine)으로 구별되며 이런 동력 변환 시스템은 원자력 발전소(Nuclear Power Plant)의 동력 발생 장치로도 활용된다. 내연기관은 연료를 연소시켜 얻어지는 연소가스에 의해 피스톤을 작동시키는 피스톤형 기관과 터빈을 작동시키는 가스터빈, 연소가스의 분출로 추진력을 얻어내는 제트기관과 로켓기관으로 구분된다. 현재 대부분의 자동차에 사용되고 있는 피스톤형 내연기관은 점화 방식이나 사용 연료에 따라 가솔린 엔진, 디젤 엔진 등으로 분류된다.

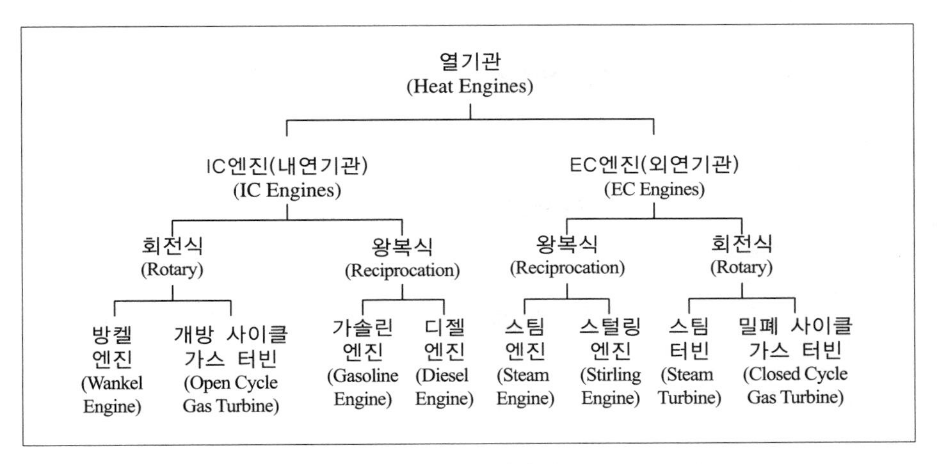

[그림 5 - 2] **열기관의 분류**

2. 자동차의 분류

자동차는 다양한 형식으로 만들어져 있어 전문 학술적으로 여러 가지의 분류법을 갖고 있으며, 각 나라는 자국의 자동차관리법에 따라서도 종류를 나타내는 다양한 분류법을 갖고 있다.

1) 자동차관리법에 의한 분류

국내의 자동차 관련 법령에 따라 자동차는 승용자동차, 승합자동차, 화물자동차, 특수 자동차, 이륜자동차로 크게 구분되며, 승용 자동차는 엔진의 크기를 나타내는 배기량의 크기와 외형의 크기에 따라 경급, 소급, 중급, 대급으로 구별된다. 승합차의 경우는 승차 인원과 외형의 크기에 따라 구별되며, 화물차는 최대 적재량에 따라 소, 중, 대로 구별된다. 특수 자동차는 자동차의 총 중량에 따라, 이륜자동차는 배기량에 따라 소, 중, 대로 구분된다.

에너지절감 시책의 하나로 만들어진 경제적인 경차는 엔진 배기량 1,000cc 이하로서 길이 3.6m, 너비 1.6m, 높이 2.0m 이하인 자동차를 말한다.

[표 5 - 1] **우리나라 자동차관리법에 의한 분류**

종류	그림	설명
승용 자동차		주로 적은 수(10인 이하)의 사람을 수송하기에 적합하게 제작된 자동차
승합 자동차		많은 수(11인 이상)의 사람을 운송하기에 적합하도록 제작된 자동차
화물 자동차		주로 화물을 운반하기에 적합하게 제작된 자동차
특수 자동차		특별한 설비를 필요로 하거나 특별한 작업을 수행하도록 제작된 자동차
이륜 자동차		주로 1~2명 정도의 사람을 운송하기에 적합하도록 제작된 이륜의 자동차를 말하나, 바퀴 수에 관계없이 핸들의 모양으로도 구분된다.

[표 5 - 2] **자동차의 분류 기준**

종류		경형	소형	중형	대형
승용 자동차	일반형	배기량이 800cc 미만	배기량이 1,500cc 미만		배기량이 2,000cc 이상
	승용형 화물형	길이 3.5미터 · 너비 1.5미터 · 높이 2.0미터 이하인 것	길이 4.7미터 · 높이 2.0미터 이하인 것	길이 · 너비 · 높이 중 어느 하나라도 소형을 초과하는 것	길이 · 너비 · 높이 모두가 소형을 초과하는 것
승합 자동차	일반형	배기량이 800cc 미만	승차 정원이 15인 이하	승차 정원 16인 이상 25인 이하	승차 정원이 36인 이상
	승용형 화물형	길이 3.5미터 · 너비 1.5미터 · 높이 2.0미터 이하인 것	길이 4.7미터 · 너비 1.7미터 · 높이 2.0미터 이하인 것	길이 · 너비 · 높이 중 어느 하나라도 소형을 초과하여 길이가 9미터 미만인 것	길이 · 너비 · 높이 모두가 소형을 초과하여 길이가 9미터 이상인 것

화물 자동차	배기량이 800cc 미만으로서 길이 3.5미터 · 너비 1.5미터 · 높이 2.0미터 이하인 것	최대 적재량이 1톤 이하인 것으로서 총중량이 3톤 이하인 것	최대 적재량이 1톤 초과 5톤 미만이거나 총중량이 3톤 초과 10톤 미만인 것	
특수 자동차	배기량이 800cc 미만으로서 길이 3.5미터 · 너비 1.5미터 · 높이 2.0미터 이하인 것	총중량이 3톤 이하인 것	총중량이 3톤 초과 10톤 미만인 것	
이륜 자동차		배기량이 100cc 이하(정격출력 1킬로와트 이하)인 것	배기량이 100cc 초과 260cc 이하	배기량이 260cc(정격출력 1.5킬로와트)를 초과하는 것

2) 자동차공학에서의 학술적인 분류

일반적으로 자동차의 종류를 학술적으로 분류하는 방법으로는 바퀴 수(차륜)에 따른 분류, 엔진 설치 위치에 따른 분류, 구동 방식에 따른 분류, 동력원에 따른 분류, 차체 모양과 용도에 따른 분류법이 널리 사용되고 있다.

(1) 바퀴 수(차륜)에 따른 분류

자동차에 구동되고 있는 바퀴 수에 따라 구분된다. 단, 바퀴 수에 의해 분류하는 경우, 단지 바퀴 숫자만을 기준으로 하는 것이 아니라 한 축에 중복으로 두 바퀴(복륜)를 쓰는 경우에는 복륜을 한 바퀴로 간주하여 분류한다.

① **2륜 자동차**(Two Wheel Vehicle)

앞뒤 2개의 바퀴로 주행하는 자동차

② **3륜 자동차**(Three Wheel Vehicle)

3개의 바퀴로 주행하는 자동차

③ **4륜 자동차**(Four Wheel Vehicle)

앞뒤 차축에 각각 2개의 바퀴가 배치되어 4개의 바퀴로 주행하는 자동차

④ **6륜 자동차**(Six Wheel Vehicle)

3개의 차축에 각각 3개의 바퀴가 배치되어 6개의 바퀴로 주행하는 자동차

⑤ **다륜 자동차**(Multi Wheel Vehicle)

8개 이상의 바퀴로 주행하는 자동차로 구분된다.

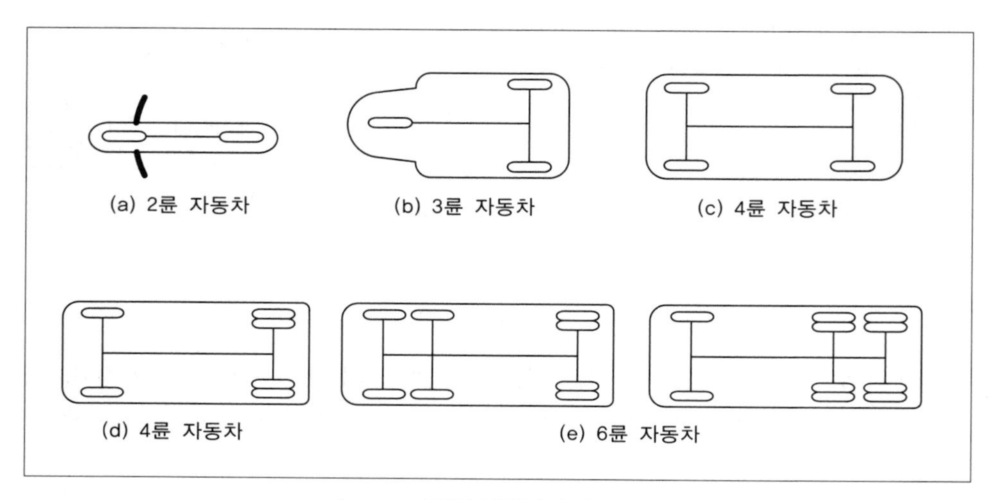

[그림 5-3] **바퀴수(차륜)에 따른 분류**

(2) 엔진 설치 위치에 따른 분류

바퀴를 구동하는 엔진의 위치를 차체의 어느 장소에 설치하는가에 따라 다음과 같이 분류한다.

① **앞 엔진 자동차**(Front Engine Car)

② **뒤 엔진 자동차**(Rear Engine Car)

③ **바닥 밑 엔진 자동차**(Under Floor Engine Car)

④ **측면 엔진 자동차**(Side Engine Car)

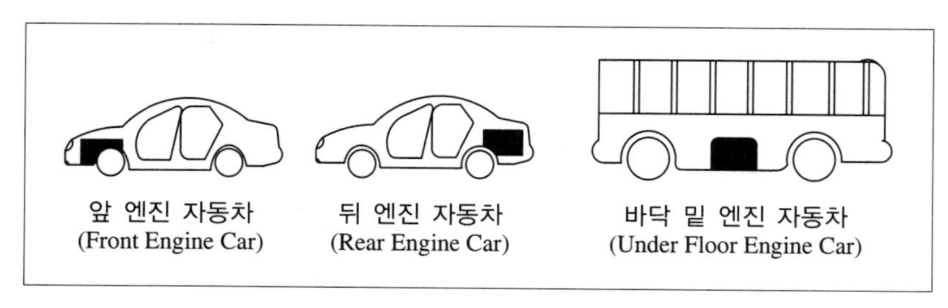

[그림 5-4] **엔진 설치 위치에 따른 분류**

(3) 구동 바퀴 방식에 따른 분류

차체의 어느 장소에 엔진을 설치하고 어떤 축의 바퀴를 구동시키는가에 따라 다음과 같이 분류한다.

① **앞 엔진 전륜 구동**(Front Engine Front Drive : FF)

② **앞 엔진 후륜 구동**(Front Engine Rear Drive : FR)

③ **전 · 후륜**(전륜) **구동**(All Wheel Drive)

④ **뒤 엔진 후륜 구동**(Rear Engine Rear Drive : RR)

⑤ **바닥 밑 엔진 후륜 구동**(Under Floor Engine Rear Drive : UR)

⑥ **바닥 밑 엔진 전륜 구동**(Under Floor Engine Front Drive : UF)

⑦ **중앙엔진 후륜 구동**(Mid Engine Rear Drive : MR)

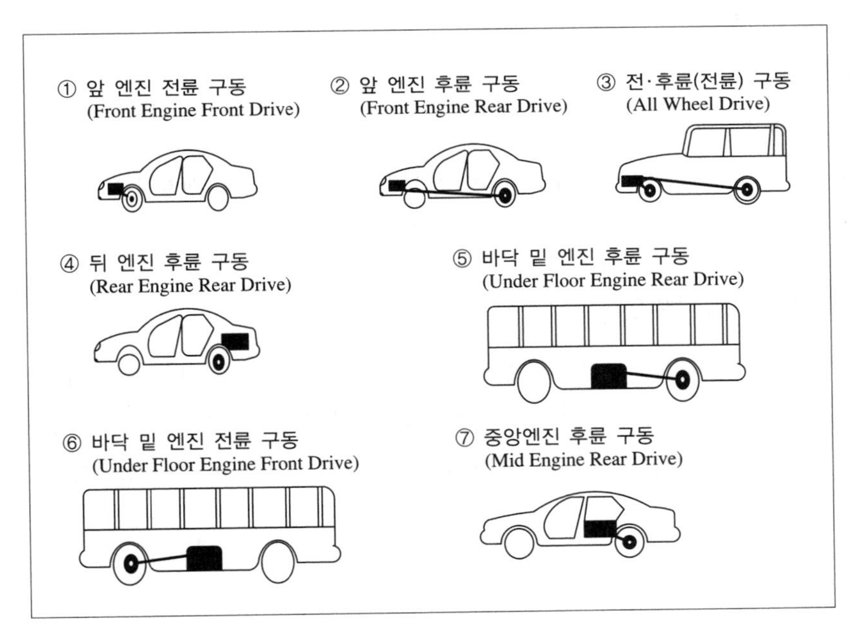

[그림 5 - 5] **구동 바퀴 방식에 따른 분류**

(4) 동력원에 따른 분류

자동차의 동력원으로 어떤 종류의 엔진을 사용하는가에 따라

① **전기동력 자동차**(Electric Vehicle)

② **하이브리드 자동차**(Hybrid Vehicle)

③ **연료전지자동차**(Fuel Cell Vehicle)

④ **가솔린 엔진 자동차**(Gasoline Engine Vehicle)

⑤ **디젤 엔진 자동차**(Diesel Engine Vehicle)

⑥ **액화 석유 가스 엔진 자동차**(LPG ; Liquid Petroleum Gas Vehicle)

⑦ **천연가스 엔진 자동차**(CNG ; Natural Gas Vehicle)

⑧ **알코올 엔진 자동차**(Alcohol Vehicle)

⑨ **가스터빈 자동차**(Gas Turbine Vehicle)

⑩ **수소 엔진 자동차**(Hydrogen Vehicle)

로 구별된다. 수소 연료를 사용하는 경우는 수소 연료를 내연기관 방식으로 사용하는 수소엔진 자동차와 연료전지의 방식으로 사용하는 연료전지 전기 동력 자동차로 분류된다.

(5) 차체 형상과 사용 용도에 따른 분류

차체의 모양과 용도에 따라서는 우선 용도에 따라 소수의 사람을 태우는 승용차, 많은 사람을 태우는 버스, 화물을 운반하는 트럭, 소방차나 앰뷸런스(Ambulance) 등 특수한 용도의 특수용도차, 높은 곳의 작업을 하는 사다리 등 특수 장비를 설치한 특수 장비차 등으로 구별되며, 각 용도의 자동차는 차체의 형상에 따라 구별된다.

① **승용차**(Passenger Car)

㉠ 세단(Sedan)

㉡ 리무진(Limousine)

㉢ 쿠페(Coupe)

㉣ 왜건(Wagon)

ⓜ 컨버터블(Convertible)

ⓑ 하드 톱(Hard Top)

ⓢ 스포츠카(Sports Car)

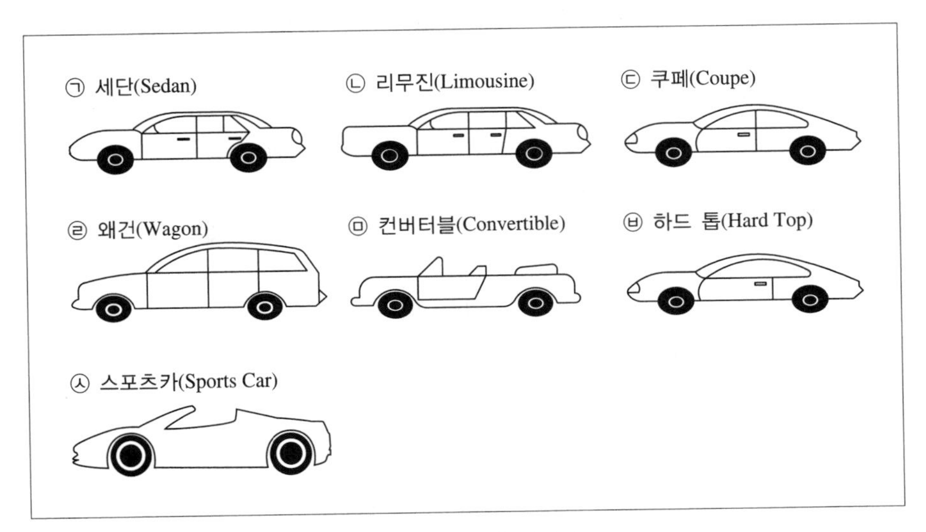

[그림 5-6] **승용차의 종류**

② **버스**(Bus)

㉠ 보닛 버스(Cab Behind Engine Bus)

㉡ 캡 오버 버스(Cab Over Engine Bus)

㉢ 코치 버스(Coach Bus)

㉣ 연접 버스(Articulated Bus)

㉤ 트레일러 버스(Trailer Bus)

㉥ 라이트 버스(Light Bus)

㉦ 마이크로 버스(Micro Bus)

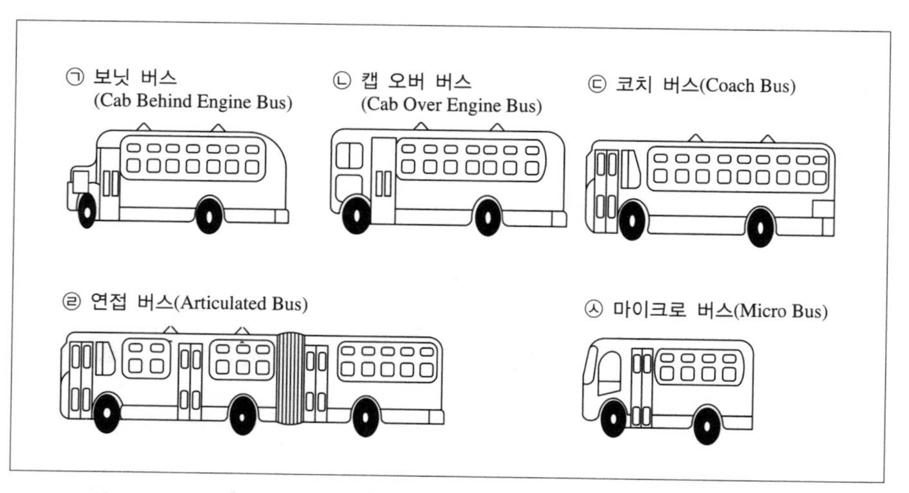

[그림 5-7] **버스의 종류**

③ 트럭(Truck)

㉠ 보닛 트럭(Cab Behind Engine Truck)

㉡ 캡 오버 트럭(Cab Over Engine Truck)

㉢ 패널 밴(Panel Van)

㉣ 라이트 밴(Light Van)

㉤ 픽업(Pick Up)

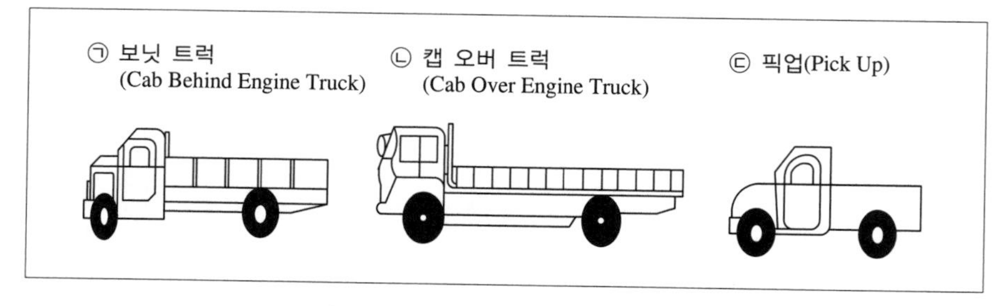

[그림 5-8] **트럭의 종류**

④ **트레일러 트럭**(Trailer Truck)

㉠ 세미 트레일러(Semi - Trailer)

㉡ 풀 트레일러(Full Trailer)

㉢ 더블 트레일러(Double Trailer)

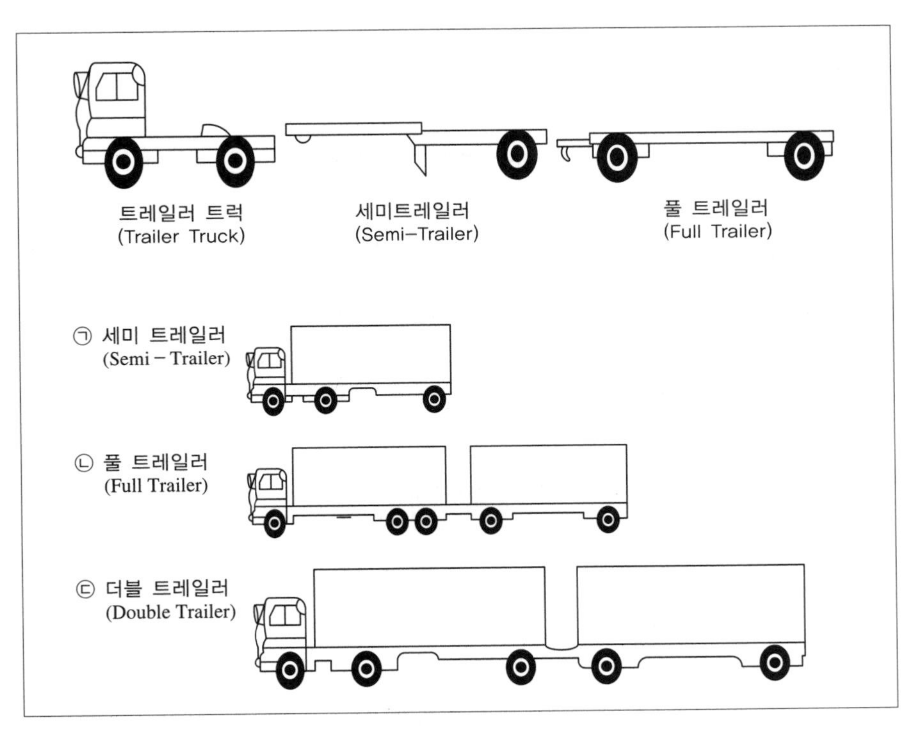

[그림 5 - 9] **트럭의 종류**

⑤ **특수용도차**(Special Purpose Car)

⑥ **특수장비차**(Special Equipments Car)

3. 자동차의 형상을 표시하는 제원

자동차의 제원이란 자동차에 관한 전반적인 치수, 무게, 기계적인 구조, 성능 등을 일정한 기준에 의거하여 수치와 형상 개념을 정의하여 나타낸 것을 말한다.

1) 자동차 외형 치수 및 무게의 개요

(1) 외형 치수의 개요

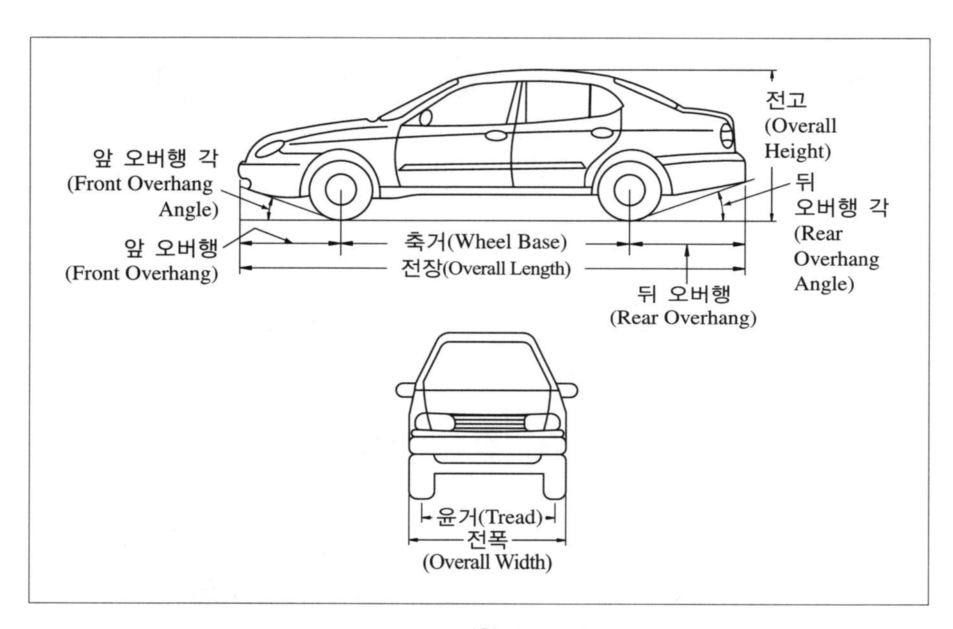

[그림 5-10] **외형 치수의 개요**

(2) 치수의 정의

① **전장**(Overall Length)

자동차의 전체 길이를 나타낸다.

② **전폭**(Overall Width)

자동차를 전면에서 보았을 때 고정된 좌우 돌출부까지의 전체 폭을 나타낸다. 접어지는 사이드 미러(Side Mirror)는 포함하지 않는다.

③ **전고**(Overall Height)

자동차의 타이어 바닥 면에서 천정의 가장 높은 곳까지의 온 높이를 나타낸다.

④ **축거**(Wheel Base)

자동차 앞바퀴의 중앙 축에서 뒷바퀴의 중앙 축까지의 거리를 나타낸다. 구동축이 여러 개 있을 경우는 첫째(First), 둘째(Second) 축거로 표시한다.

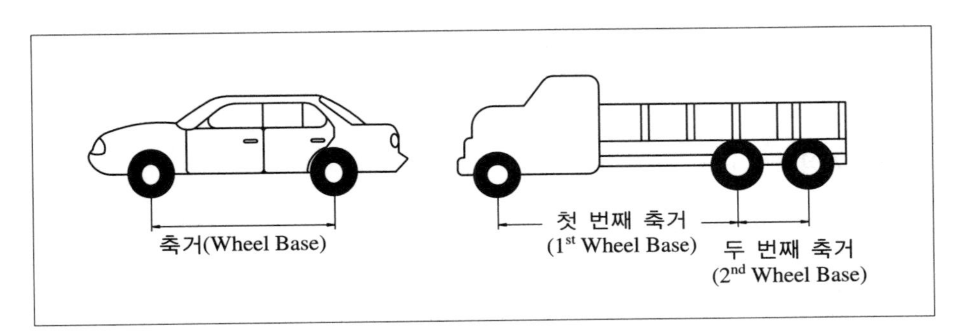

[그림 5-11] **축거**

⑤ **윤거**(Tread)

자동차를 전면에서 보았을 때 좌측 바퀴의 중앙으로부터 우측 바퀴의 중앙까지의 거리를 표시한다. 복륜을 사용할 경우는 복륜의 중앙으로부터를 나타낸다.

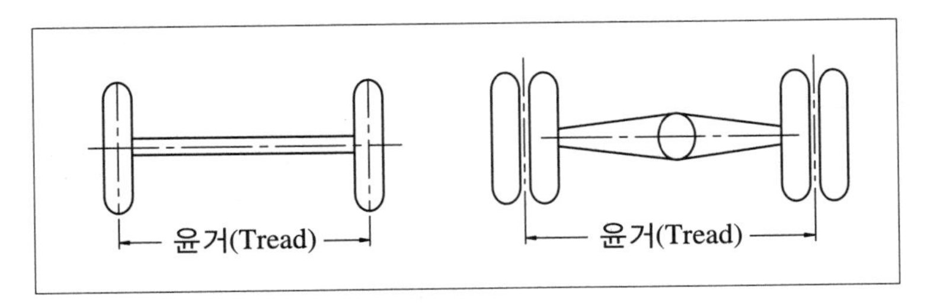

[그림 5-12] **윤거**

⑥ **중심높이**(Height of Gravitation Center)

자동차 타이어의 바닥 면에서부터 자동차의 무게중심점까지의 높이를 나타낸다.

⑦ 프레임높이(Height of Chassis Above Ground)

자동차 타이어의 바닥면으로부터 자동차 프레임까지의 높이를 표시한다.

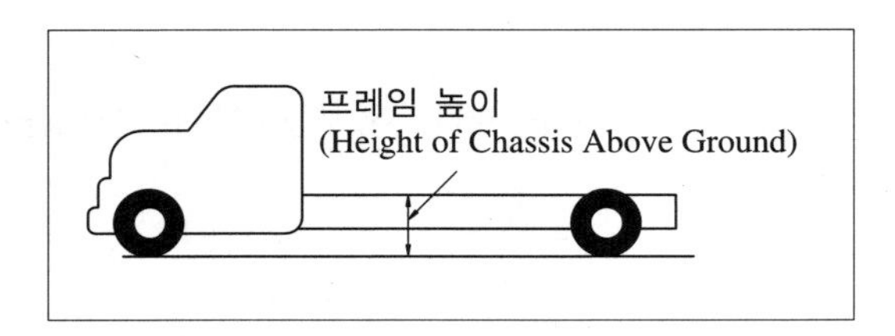

[그림 5-13] **프레임 높이**

⑧ 최저 지상고(Ground Clearance)

자동차 타이어의 바닥면으로부터 차체의 가장 낮은 점까지의 높이를 나타낸다.

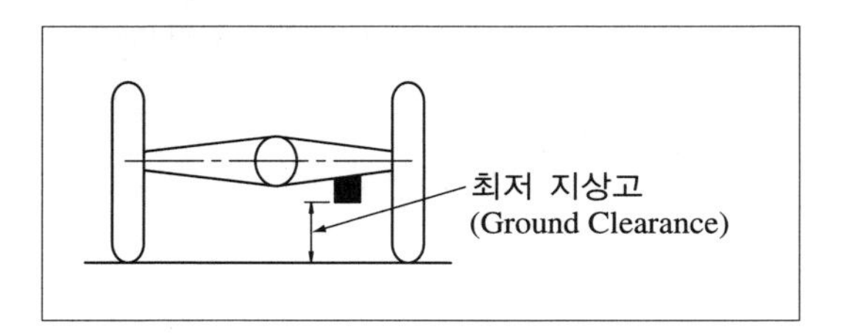

[그림 5-14] **최저 지상고**

⑨ 앞 오버행(Front Overhang)

자동차의 맨 앞바퀴 축의 중심 수직선에서 자동차의 최앞단의 수직선까지의 수평 거리를 나타낸다.

⑩ 뒤 오버행(Rear Overhang)

자동차의 맨 뒷바퀴 축의 중심 수직선에서 자동차의 최뒷단의 수직선까지의 수평 거리를 나타낸다.

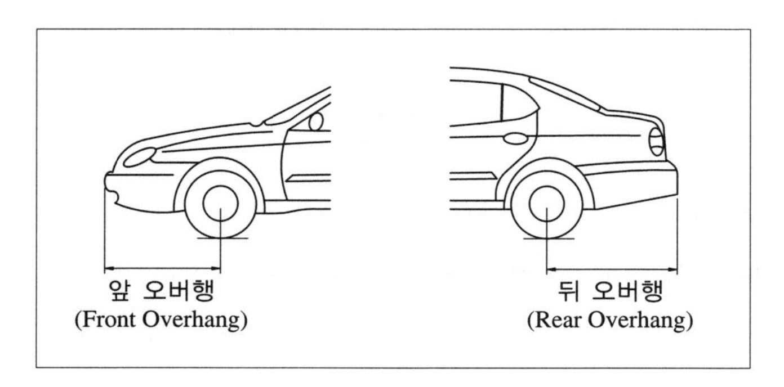

[그림 5-15] **앞 오버행과 뒤 오버행**

⑪ 앞 오버행각(Front Overhang Angle) 혹은 어프로치 각(Approach Angle)

자동차의 맨 앞바퀴의 도로 접지점에서 자동차의 최앞단부의 아래 면과 이루는 각을 나타낸다.

⑫ 뒤 오버행각(Rear Overhang Angle) 혹은 디파쳐 각(Departure Angle)

자동차의 맨 뒷바퀴의 도로 접지점에서 자동차의 최뒷단부의 아래 면과 이루는 각을 표시한다.

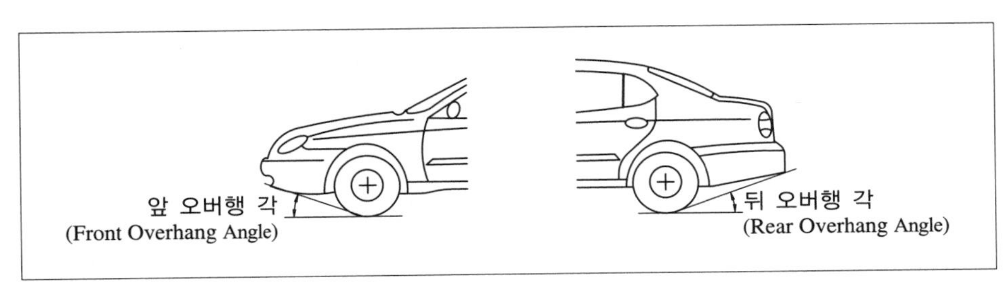

[그림 5 - 16] **앞 오버행 각과 뒤 오버행 각**

⑬ 램프 각(Lamp Angle)

자동차의 앞 · 뒷바퀴 축 중심 사이의 거리인 축거의 중간이 되는 차체 최밑단부에서 앞 · 뒷바퀴의 도로 접지면과 이루는 각을 나타낸다.

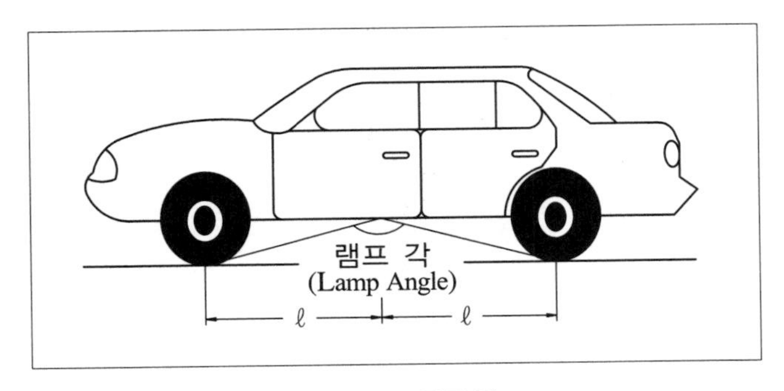

[그림 5 - 17] **램프 각**

⑭ 조향 각(Steering Angle)

자동차가 직선 주행선 위치에서 핸들을 꺾어 방향을 바꿀 때 앞바퀴가 직선 방향에 대하여 회전한 각을 나타낸다.

⑮ 최소 회전 반경(Minimum Turning Radius)

자동차가 최대 조향 각으로 회전할 때 이뤄지는 최소의 회전 반경을 나타낸다.

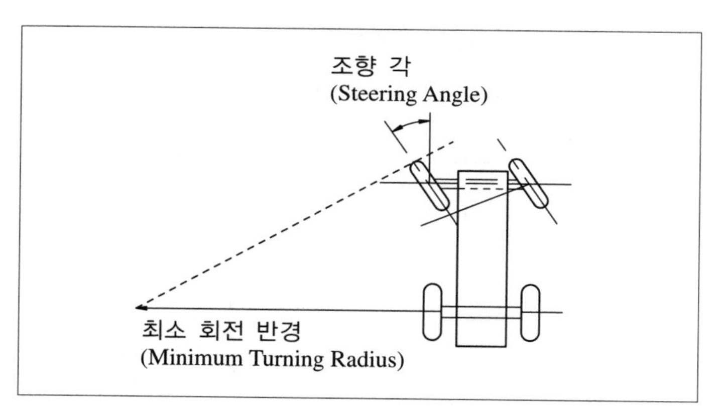

[그림 5 - 18] **조향 각과 최소 회전 반경**

(3) 자동차 중량의 정의

① 공차중량(Unloaded Vehicle Weight)

사람이나 화물은 적재하지 않은 상태로 자동차가 운행하기 위해 필요한 연료, 냉각수, 윤활유 등의 규정량을 넣고 운행에 필요한 장비를 갖춘 상태에서의 자동차의 중량을 나타낸다.

② 차량 총 중량(Gross Vehicle Weight : GVW)

규정된 최대 적재 상태에서의 자동차의 총 중량을 나타낸다.

③ 배분중량(Distributed Weight)

최대 적재 상태에서 각 차축에 걸리는 배분된 중량을 나타낸다.

④ 중량 배분비(Weight Distribution Ratio)

배분 중량을 백분율(%)로 나타낸다.

⑤ 섀시 중량(Chassis Weight)

공차 상태에서 섀시만의 중량을 나타낸다.

2) 자동차 성능의 개요

자동차의 성능은 자동차의 동력원으로부터 발생된 동력에 의한 자동차의 최고 속도, 등판성능, 가속성능, 연료소비율 등으로 평가되는 동력 성능과 제동성능, 타행성능, 안전성능, 조정성능, 진동, 승차감, 편리성, 소음 등의 자동차가 갖는 제반 성능으로 구분된다.

(1) 동력 성능의 개요

① 구동력

엔진으로부터 발생된 동력에 의해 구동타이어와 노면과의 접지 부분에서 발생되어 차량이 주행하는데 이용되는 마찰력을 말한다.

$$\text{구동력 } F = \frac{(T_E - T_L)\varepsilon\delta_L}{R_t}$$

여기서

F : 구동력[kgf], [kN]

T_E : 엔진토크[kgf · m], [kN · m]

T_L : 배기소음기, 촉매반응장치 등에 의한 손실토크[kgf · m], [kN · m]

ε : 총 감속비

δ_L : 동력전달률

R_t : 타이어의 동하중 반지름[m]

② 주행저항

자동차의 주행을 방해하는 방향에 작용하는 힘의 총칭이다. 주행저항에는 타이어가 굴러갈 때 노면과의 저항인 구름저항, 동력전달과정에서 생기는 내부 저항, 자동차의 주행을 방해하는 방향으로 작용하는 공기력에 의한 공기저항, 자동차가 경사면을 올라갈 때 경사면에 의한 구배저항, 자동차가 가속할 때 생기는 관성력에 의한 관성저항 등이 있다.

$$\text{주행저항 } R = W\sin\theta + \mu_r W + \mu_a A V^2$$

여기서

R : 주행저항[kgf], [kN]

W : 자동차 총 하중[kgf · m], [kN]

θ : 수평면과 이루는 구배각

μ_r : 구름저항계수

μ_a : 공기저항계수

A : 투상면적[m^2]

V : 자동차 속도[km/h]

③ 가속 성능

자동차의 가속 성능은 발진 가속 성능과 추월 가속 성능으로 대별된다. 발진 가속 성능에는 정지 상태로부터 급발진시켜 최대 가속 조건에서 정해진 일정 거리를 주파하는 소요 시간으로 표시하는 거리 기준과 마찬가지 방법으로 정해진 속도에 도달하는 시간으로 표시하는 속도 기준의 방식이 있다. 추월 가속 성능은 고정된 변속 조건에서 일정 속도 주행에서 가속 페달을 전개시켰을 경우의 속도 기준의 가속 성능을 말한다.

④ 자동차의 속도

자동차의 주행속도는 주행 성능 곡선에 의해 구동력 곡선과 주행저항 곡선과의 교점으로부터 각각의 변속단 위치와 도로 구배에 있어서의 최고 속도를 얻을 수 있다.

$$\text{자동차 속도 } V = \frac{2\pi R_t}{1000} \times \frac{600Rn}{i}$$

여기서

V : 자동차 속도[km/h]

R_t : 타이어의 유효 반지름[m]

n : 엔진회전속도[rpm]

i : 전감속비

R : 주행저항[kN]

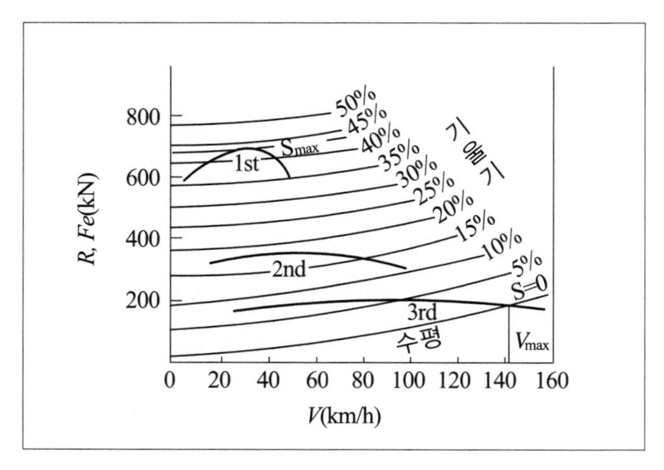

[그림 5 - 19] 주행저항 구동력 선도

⑤ 등판 성능

최대 등판 성능은 이론상 올라갈 수 있는 최대의 구배를 나타내며 1단 변속 위치에서 최대 구동력으로 산출한다.

⑥ 연비 성능

자동차의 연료 소비율을 나타내는 연비 성능은 연료 1L를 가지고 몇 km를 주행했는가로 표시되는 km/L의 단위를 많이 쓰고 있다. 미국에서는 연료 1갤런당의 주행 거리를 표시하는 MPG(Miles Per Gallon)가 사용되고 있다. 유럽 등에서는 1km를 가는데 몇 L의 연료가 사용되는가로 L/km로 쓰기도 한다.

(2) 제동 성능

자동차의 속도제어는 엔진과 제동 장치인 브레이크로 작동한다. 제동장치의 성능으로는 첫째로 정지거리가 요구된다. 정지거리는 공주 거리와 제동거리의 합으로 구해진다.

① 공주거리(Free Running Distance)

운전자가 제동할 것을 감지하고 가속 상태에서 브레이크 페달로 동작하여 감속이 시작할 때까지 자동차가 움직인 거리를 나타낸다.

$$\text{공주거리 } S = \frac{V}{3.6} \times t$$

여기서
S : 공주거리[m]
V : 자동차 속도[km/h]
t : 제동시간[s]

② 제동거리(Braking Distance)

브레이크가 작동되어 자동차가 정지될 때까지 움직인 거리를 나타낸다.

$$\text{제동거리 } Sb = \frac{V^2}{2 \cdot g \cdot \mu \cdot b} \times t$$

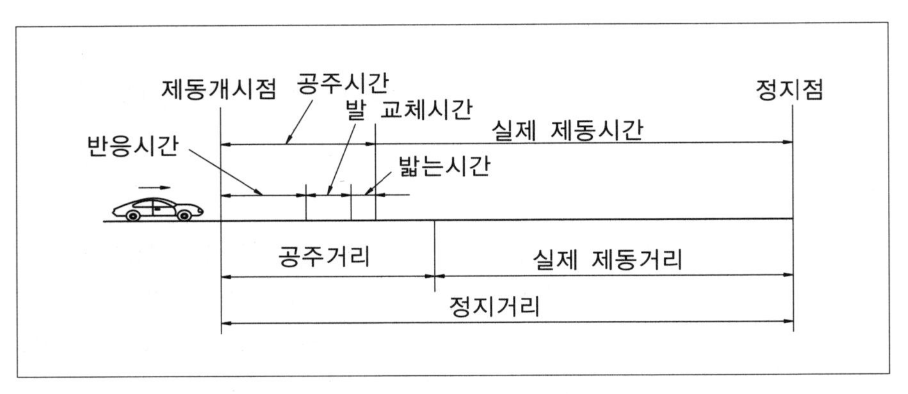

[그림 5-20] **제동성능**

4. 자동차의 구조 개요

1) 전체 시스템 구성

자동차는 동력발생 장치인 원동기(Power Plant or Prime Mover), 동력전달장치(Power Train), 주행 장치(Running Gear), 조정 장치(Control System), 부속 전장 장치(Accessory)로 구성되어 있는 차량(Vehicle)이다.

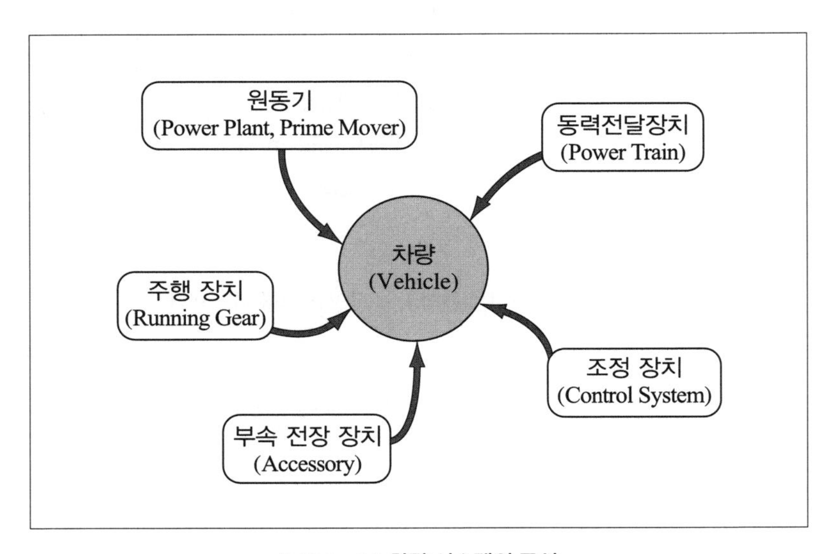

[그림 5-21] **차량 시스템의 구성**

2) 기본 구조

일반적으로 자동차의 기본 구조는 크게 차체(Body)와 섀시(Chassis)로 구성된다. 차체는 운전자를 포함하여 승객이나 화물을 수용하기 위한 부분으로 자동차의 외관 구성을 대표한다. 차체에는 의자를 비롯한 실내 장치와 조명 장치, 운전에 필요한 편의 장치들이 포함된다. 섀시는 자동차에서 차체를 제외한 자동차 주행에 필요로 하는 모든 장치를 구비한 구성 요소이다.

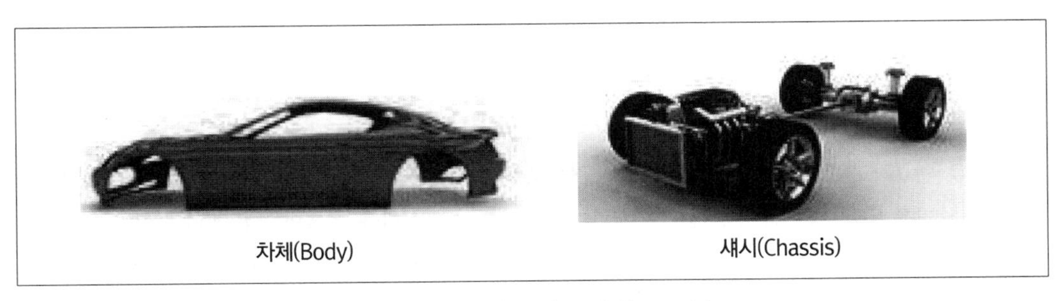

[그림 5 - 22] **차체(Body)와 섀시(Chassis)**

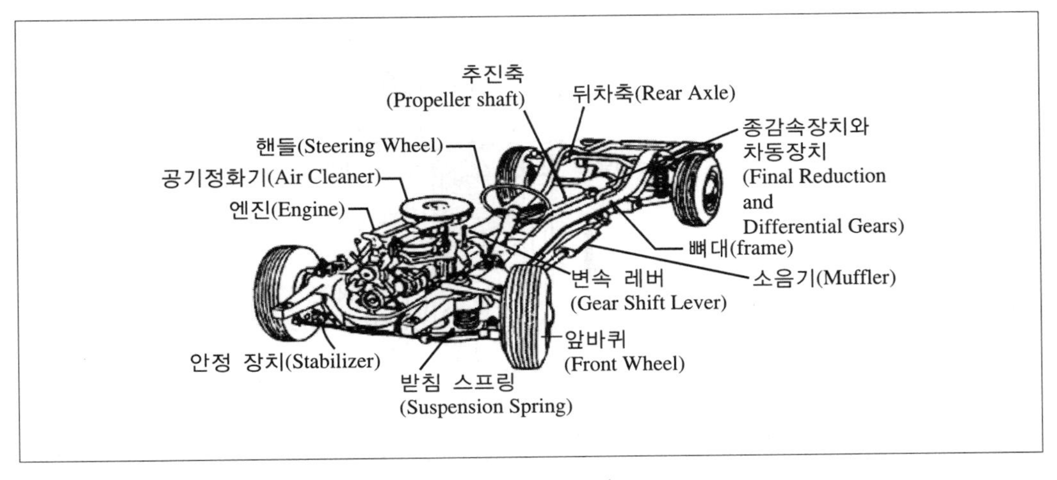

[그림 5 - 23] **섀시(Chassis)의 구조**

3) 섀시의 주요 구성 요소

내연기관 자동차 섀시는 크게 동력 발생의 엔진, 동력 전달 장치, 현가장치, 조향장치, 제동장치로 구성된다.

(1) 동력발생장치 엔진(Engine)

내연기관 자동차에 필요한 동력을 발생시키는 장치로 현재 대부분 차지하고 있는 자동차용 엔진은 점화 방식에 따라 스파크 전기점화 엔진(SI Engine)과 압축점화 엔진(CI Engine)으로 구별되며 스파크점화 엔진에는 가솔린, LPG(Liquefied Petroleum Gas), 알코올 등의 기화성이 높고 인화 온도가 낮은 연료가 주로 사용되고, 압축점화 엔진에는 디젤유, CNG(Compresed Natural Gas), 바이오 디젤 등의 착화 온도가 낮은 연료가 사용된다. 엔진의 주요 구성 요소는 기관 본체, 냉각장치, 시동장치, 배기장치, 연료공급 장치, 점화장치 등이 있다.

① 기관 본체

연료가 가지고 있는 화학에너지를 동력으로 변환하는 연소 시스템으로 연료를 연소시켜 생기는 열 에너지를 동력으로 변환하는데 필요한 수많은 부품으로 구성된다. 연료의 종류에 따라 연소 점화 방식이 다르고 현재 대표적으로 자동차에 사용되고 있는 엔진은 가솔린 연료는 스파크 점화 엔진이고, 디젤연료는 압축 점화 엔진이다.

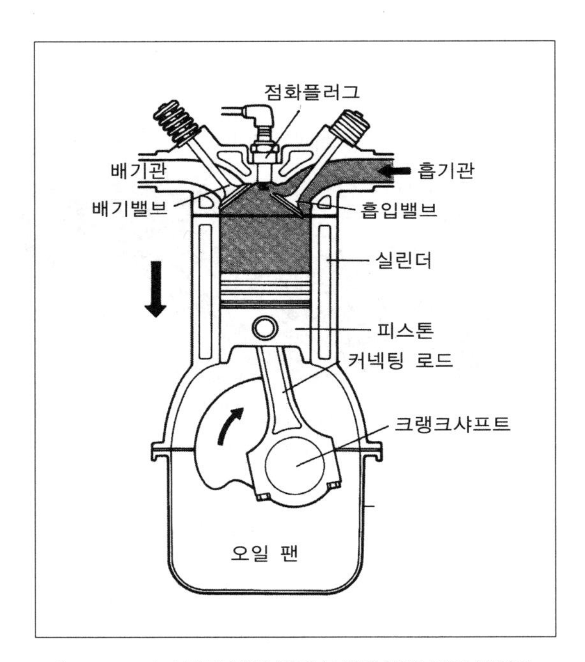

[그림 5-24] **스파크 점화 엔진 본체의 주요 부품 구성도**

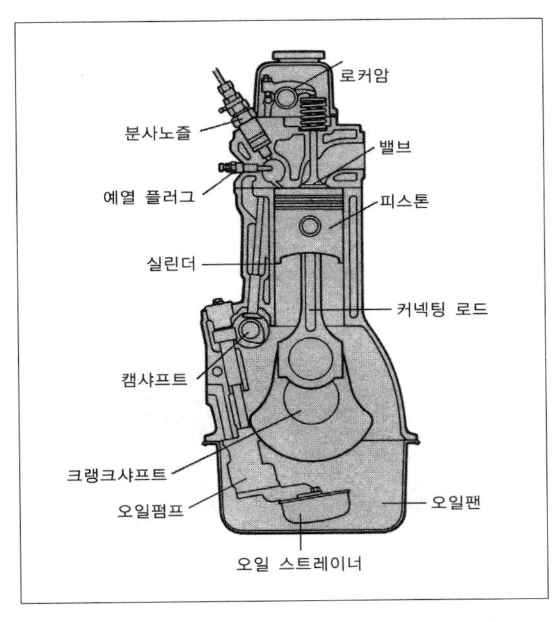

[그림 5 - 25] **압축 점화 엔진 본체의 주요 부품 구성도**

(2) 냉각장치

기관 본체의 과열을 방지하여 실린더 내에서의 이상 연소를 방지하고, 엔진을 구성하는 재료의 열 변형을 방지하며, 윤활유의 점성을 최적화시켜 원활한 윤활로 엔진의 내구성을 유지하기 위한 장치로서 엔진의 필수적인 시스템이다. 냉각 방식에 따라 공랭식 엔진과 수랭식 엔진으로 구분되며 자동차용 엔진은 대부분 수랭식 엔진을 사용하고 있다.

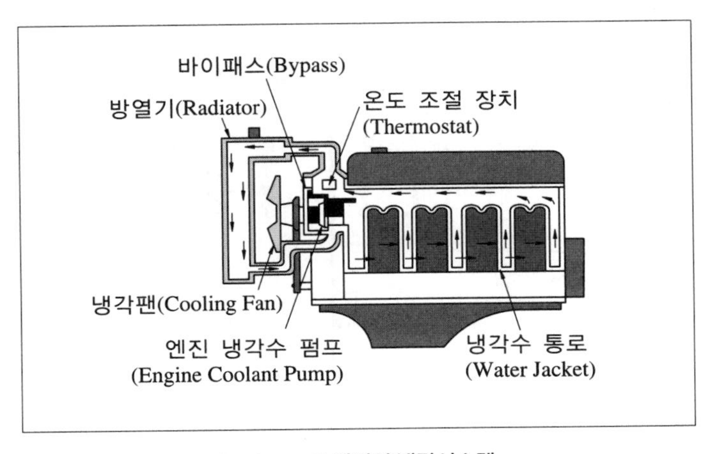

[그림 5 - 26] **엔진의 냉각시스템**

(3) 점화 및 분사 시동장치

시동 전동기에 축전지 전원으로 부터 전류를 공급하여 기관을 시동시키기 위한 장치며 가솔린기관(스파크점화기관)에서는 점화장치를 필요로 한다.

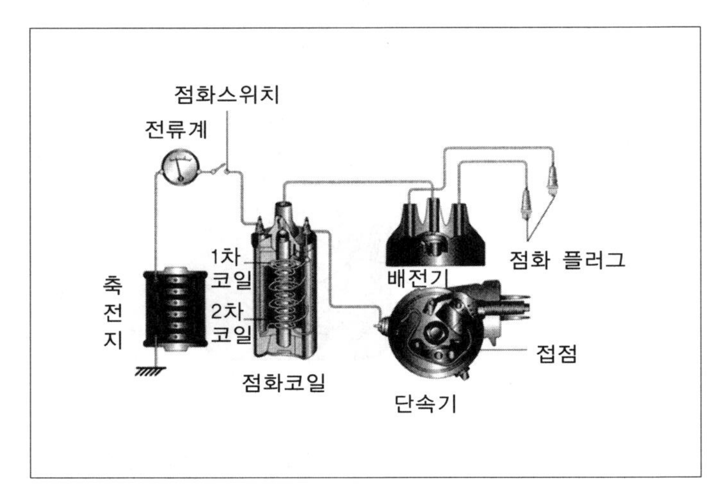

[그림 5 - 27] **스파크 점화기관의 점화장치**

압축점화 방식의 디젤 엔진에서는 연료를 고압으로 분사하는 고압분사 시스템이 필요하다.

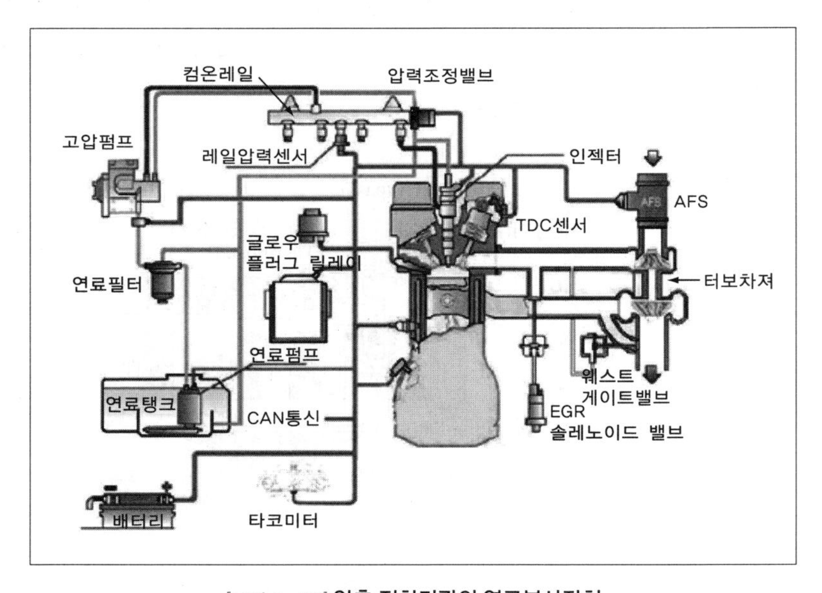

[그림 5 - 28] **압축 점화기관의 연료분사장치**

(4) 배기 장치

각 실린더 내에서 연소된 가스를 배기 매니폴드로 모아 대기 중에 배출하는 시스템으로 엔진에서 발생되는 소음과 배출가스의 정화를 위한 기능을 갖추고 있다. 주요 구성 요소로는 배기매니폴드, 각종 촉매변환기, 각종 센서, 배기관, 소음기 등이 있다.

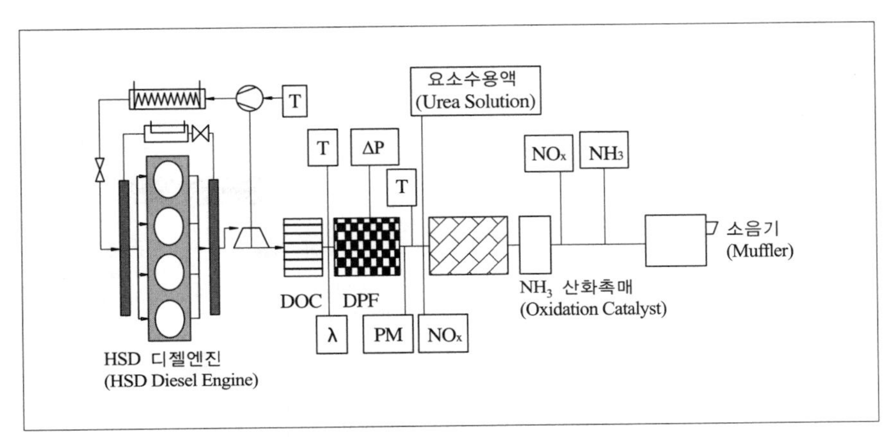

[그림 5 - 29] **유로 6 대응 배기시스템의 구성**

(5) 연료 공급 장치

엔진의 작동에 필요한 연료와 공기를 적당한 비율로 혼합하여 실린더에 공급하는 장치로 연료탱크 → 연료관 → 연료펌프 → 연료분사장치 → 공기청정기 → 공기유량계 → 스로틀밸브 → 흡기 분배관 등으로 구성된다.

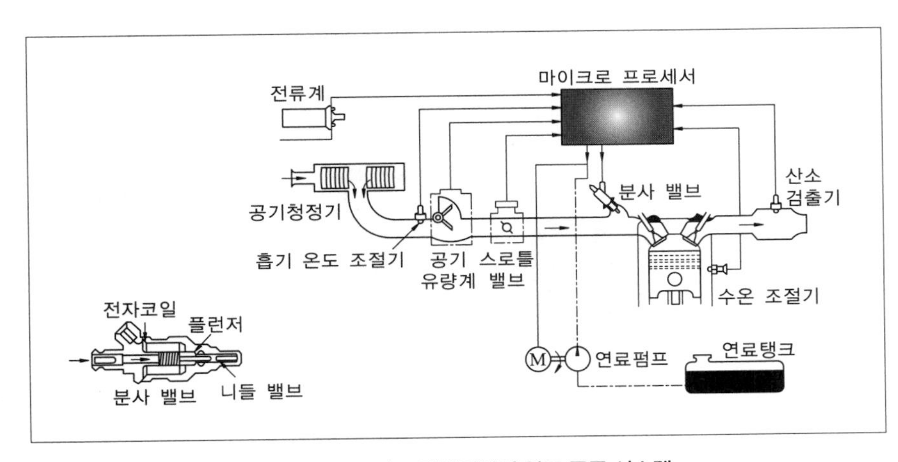

[그림 5 - 30] **스파크 점화기관의 연료 공급 시스템**

4) 동력전달 장치

엔진에서 발생된 동력을 바퀴에 전달하여 자동차가 원하는 속도로 주행할 수 있게 하는 장치로 엔진에서부터 주요 구성 요소와 작동순서는 엔진으로부터 발생된 동력이 『엔진의 플라이휠 → 클러치 → 변속기 → 슬립조인트, 유니버설조인트 → 추진축 → 유니버설조인트 → 최종감속기어 → 차동기어→ 구동축 → 바퀴』로 전달된다.

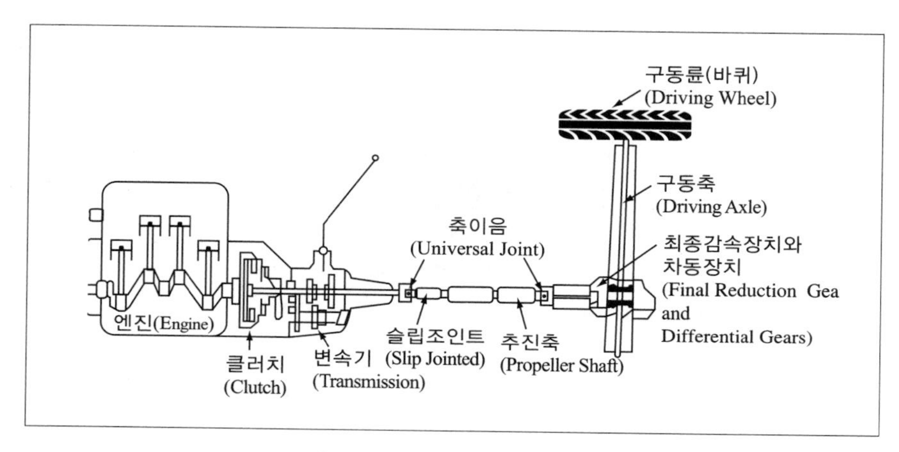

[그림 5-31] **동력 전달 시스템**

5) 현가 장치

차체와 섀시를 연결하여 주행 시 노면으로 받는 진동이나 충격을 흡수하여 승차감과 안정성을 좋게 하는 장치로 주요 장치로는 노면으로부터 받는 충격을 완화시키는 현가 스프링, 현가 스프링의 진동을 흡수하는 쇼크 업소버, 좌우 흔들림을 방지하는 스태빌라이저로 구성된다.

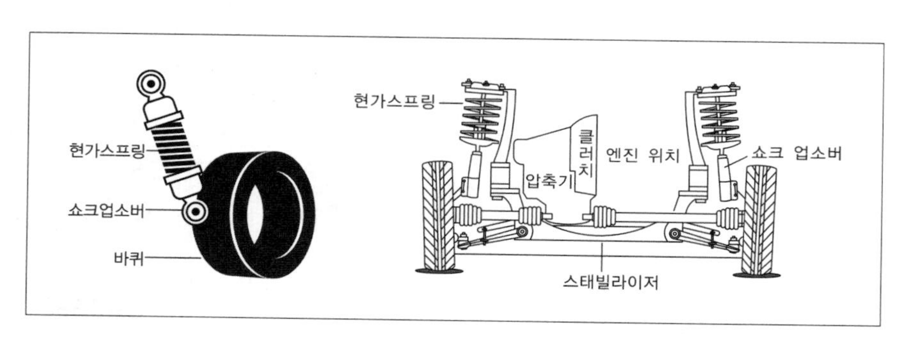

[그림 5-32] **현가 장치의 기본**

6) 조향 장치

자동차의 방향 전환이나 직선 진행의 유지 등 방향을 조향하는데 필요한 장치로 조향 핸들 → 조종 핸들관/핸들축 → 스티어링 기어 → 피트먼 암 → 드레그 링크 → 스티어링 암 → 핸들 쪽 전차륜 → 너클 암 → 타이로드 → 너클 암 → 반대 측 전차륜 순으로 동력이 전달된다.

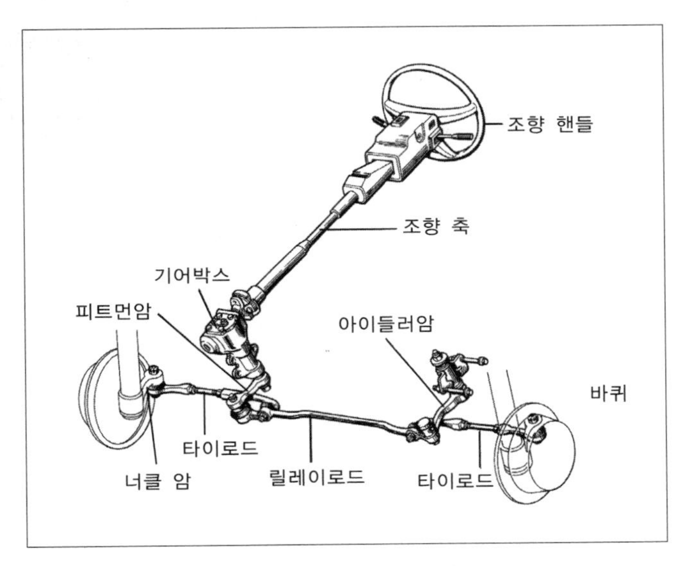

[그림 5 - 33] **조향 장치의 기본**

7) 제동 장치

제동 장치는 자동차의 주행 중의 차량 속도를 저감시키고 정지시키는 운전석에서 작동하는 풋 브레이크와 정차 시에 자동차의 밀림을 방지하기 위한 핸드 브레이크, 엔진의 회전속도와 축 토크 변동에 의해 발생되는 엔진 브레이크로 구별된다. 풋 브레이크는 운전자의 발에 의해 페달에 힘이 가해지고 페달레버, 푸시로드, 마스터실린더, 브레이크 유압라인, 분배오일블록, 캘리퍼, 피스톤, 제동패드에 의해 제동력이 전달된다.

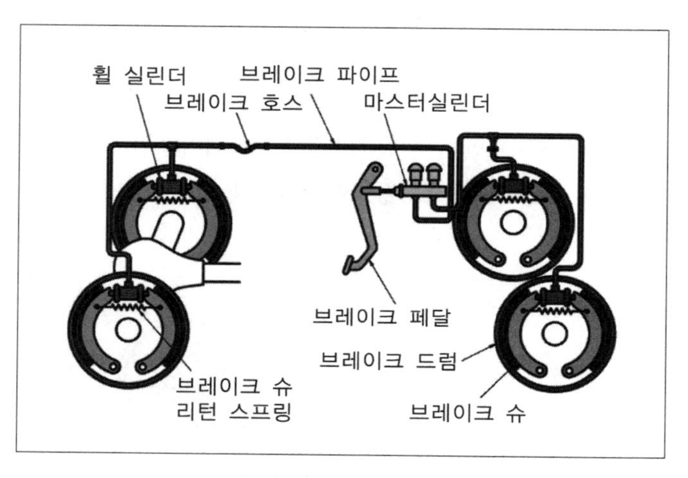
휠 실린더
브레이크 파이프
브레이크 호스
마스터실린더
브레이크 페달
브레이크 드럼
브레이크 슈
리턴 스프링
브레이크 슈

[그림 5-34] **제동 장치**

MEMO

CHAPTER

06

새로운 자동차의 개발 과정

1. 개발의 시작

2. 개발 프로세스와 상품기획의 관계

3. 자동차 제품 개발

1. 개발의 시작

1) 기획 단계

자동차를 만드는 기업은 새로운 자동차 상품을 시장에 출시하기 전에 항상 기존 상품의 장래를 고려하면서 대체상품 혹은 신규 상품을 준비하며 기업 활동의 지속 성장을 도모하고 있다. 새로운 자동차의 개발은 우선적으로 대량생산, 대량판매가 되는 상품계획이 이뤄져야 한다. 자동차는 수만 개의 부품으로 이뤄진 첨단 기술의 집합체이고 고도의 기술력과 설비를 갖추어야 하는 막대한 투자가 들어가기 때문에 그 비용을 회수하기 위해서는 시장에서 대량 판매를 할 수 있도록 많은 고객을 확보하여야 한다. 우선 전체적으로 [표 6-1]과 같은 기업의 외적・내적 여건들을 파악하면서 자동차 상품의 계획을 짜게 될 것이다.

[표 6-1] **자동차 상품계획의 고려사항 예**

항목		내용
외적조건	사회환경	환경, 자원, 에너지, 안전 등의 문제, 도로, 교통 사정, 법 규제, 세금제도 등
	시장환경	수요, 생활양식, 고객욕구, 지향성 등
	경쟁관계	타사와의 제품, 판매, 서비스 등의 경합 상황 등
	기술동향	기술혁신, 특허, 각종 규격 등
내적조건	기업방침	상품정책, 판매, 생산규모, 이익규모 등
	자원, 체제	개발, 생산, 판매 등의 능력, 개발 소요 시간 등
	기술개발상황	신기술 개발의 상황, 인력 채용가능성 등

따라서, 자동차의 개발은 먼저 기획에서 비롯된다. 오늘날의 자동차는 단순한 이동수단의 기계로 그치는 것이 아니고, 사람 개개인의 생활에 밀착되어 사회적, 문화적 존재 가치를 지니고 있으며 기업이나 사회를 떠받치는 경제적 가치를 지니면서 국가 자산의 요소가 되고 있다. 그러므로 새로운 자동차가 개발되어 출시되는 것은 현대를 살아가는 모든 사람들의 큰 관심의 대상이 되고 있다. 이러한 자동차를 구입하고, 애용하여 처음부터 그 가치 인식을 확실하게 하는 열쇠가 무엇인가를 파악하는 것이 기획이라 할 수 있다. 또한 그 자동차가 가지는 규격과 능력, 거기에 어떤 특성을 부여할 것인가를 결정하는 것과 개발, 생산, 판매에 들어가는 비용, 설비, 일정 등의 개략을 결정하는 것도 기획의 중요한 요소이다. 상품의 계획은 전혀 새로운 모델의 차종을 개발하는 것과 기존의 차종에 전면적인 개량을 가하는 풀 모델 체인지, 일부분의 변경을 요하는 마이너체인지 등을 예로 들 수 있다. 기획에는 소프트(Soft)의 전 공정에 해당되는 상품기획과 하드(Hard)

한 후공정에 해당되는 제품기획으로 나눌 수 있다. 개발 차량의 상품기획과 제품기획의 비중 이미지는 [그림 6-2]와 같다.

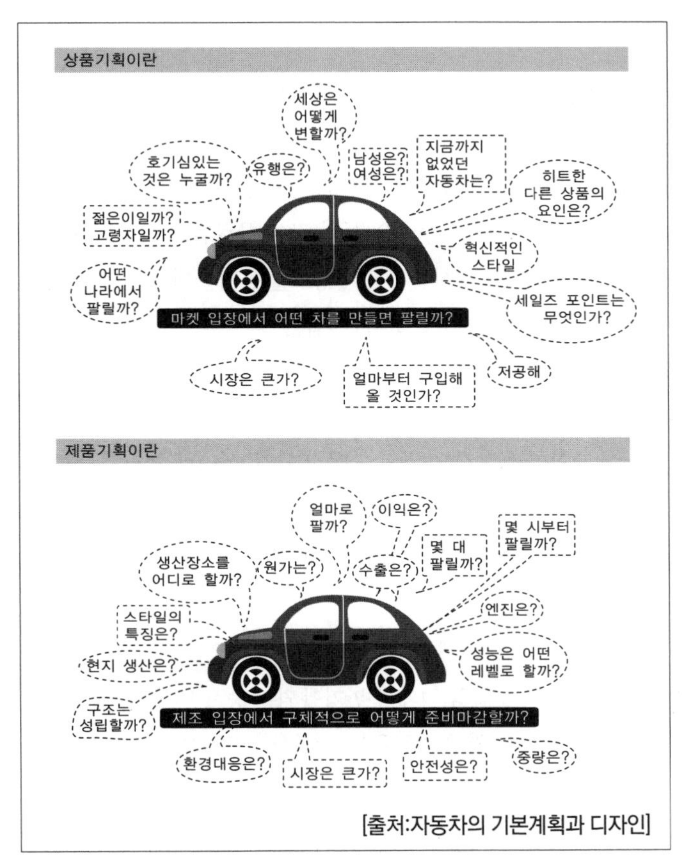

[그림 6-1] **상품기획과 제품기획**

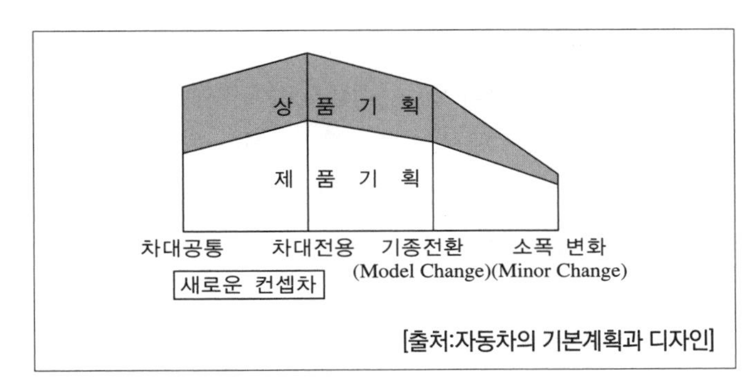

[그림 6-2] **개발 차량의 상품기획과 제품기획의 비중**

2. 개발 프로세스와 상품기획의 관계

1) 장기 상품기획

자동차의 개발은 시장에 있어서 자사의 강・약점을 객관적으로 파악하고 자사의 존속을 유지시킬 수 있는 차종을 개발・육성시켜 나가는 마케팅(Marketing) 전략이 필요하다. 작금의 자동차 산업은 글로벌(Global)한 네트워크(Network)를 형성하고 있기 때문에 해외 브랜드들과의 기술적, 경영적으로 고도의 정보교류 전략이 요구되고 있다. 인터넷의 발전과 화상 회의 등과 같이 글로벌한 정보통신망의 보급으로 세계 각 지역의 정보를 순시적으로 집약할 수가 있고 상품의 고객정보를 용이하게 수집할 수 있기 때문에 이러한 정보기술을 이용하는 장기상품 기획이 가능해지고 있다. 기업은 자사의 지속, 발전을 도모하기 위해 마련된 장기 경영계획에 따라 경영을 진행해가고 있다. 장기 경영 계획에 제시된 목표 달성을 이루기 위하여 필요한 개발을 어떻게 전개해 나갈 것인가 등과 같이 마케팅 전략을 보다 구체적으로 입안해 가는 전체적인 장기 상품계획이 이뤄진다. 장기 상품계획에서는 각 차종의 모델 체인지, 마이너 체인지, 전체적인 모델 체인지로 이뤄지는 라이프사이클(Life Cycle)과 기획, 디자인, 설계, 시작, 시험, 생산준비, 라인업(Lineup)으로 이뤄지는 개발기간을 하나의 일람표로 하는 장기개발 계획표를 만들어 갈 필요가 있다.

2) 개별 상품기획

수천억의 개발비가 들어가는 사업의 성패가 판가름되는 중요한 작업이다. 성공적인 자동차 상품을 기획하기 위해서는 개발자, 디자이너, 영업자 모두가 창의성을 발휘하고, 경영자와도 자유로운 논의가 이루어져야 할 것이다.

개별 상품 기획에서 대표적인 두 단계는 콘셉트 메이킹(Concept Making)과 콘셉트 클리닉(Concept Clinic)이다. 자동차 개발의 실질적인 출발점은 콘셉트 메이킹의 과정이라 할 수 있다.

콘셉트 메이킹 과정에서는 기획의 특징을 표현하는 단어인 키워드를 만들고, 잠재수요를 발굴하는 기획과 기존시장을 대상으로 하는 기획의 시장의 포착이 이뤄지고, 시장에서의 차지할 위치를 확실히 하는 사용자의 모습을 찾고, 카탈로그(Catalog)를 만든다. 또한 판매 전략에서 상품 선전의 광고포인트를 찾는다. 환경부하저감기술, 정보 관련 기술 등도 광고 선전 포인트의 내용이 될 수 있다. 콘셉트 클리닉은 가까운 장래 상품으로서 통용할 가능성이 있는가를 검증하는 과정이다.

3) 제품 기획과 자동차의 개발 흐름

제품기획은 상품의 포지셔닝(Positioning)이나 새로운 콘셉트에 근거하여 실제로 어떻게 자동차를 구성할 것인가를 계획하는 활동이다. 하나의 제품으로 구체화하기 위해 정량화하는 일이며 [그림 6-3] 제품 기획의 업무 흐름과 같은 업무 절차를 갖는다.

① 차량 이미지 제시

② 선행 시작

③ 개발계획서 작성

㉠ 시장동향

㉡ 개발의 목표 : 주된 선전 포인트, 키워드, 콘셉트의 주요 골자

㉢ 기본구상 : 종래차, 경합차 등과의 큰 차이, 새로운 구조 기구 가격 배분

㉣ 주요 제원 : 전장, 전폭, 전고 등 차량 제원

㉤ 패키지 도면 : 기획차량의 원점이 되는 차량전체 계획도

㉥ 차종 구성 : 승용차, 버스, 트럭 등

㉦ 각부개요 : 기획차량에 대한 개발리더의 생각을 세부적으로 기술

㉧ 원가기획 : 원가 목표값, 중점배분/삭감 항목 등

㉨ 질량기획 : 질량 목표값, 증가 예상 항목

㉩ 전체 개발 일정

④ 개발 제안

⑤ 개발 지시

⑥ 차량 사양서

⑦ 원가 기획

㉠ 원가 목표 설정 : 차량 이미지를 금액으로 변환하는 작업 원가 기획 활동의 원점

㉡ 원가 견적

㉢ 참고 자동차 분석

㉣ VE(Value Engineering)제안 : 원가 절감

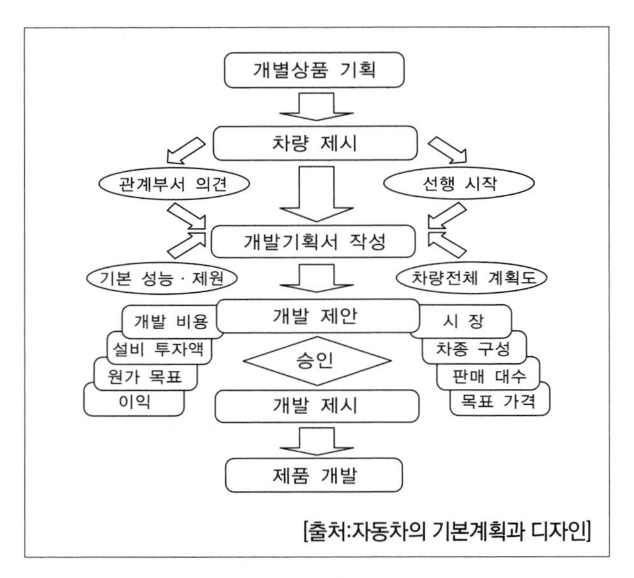

[그림 6-3] **제품 기획의 업무 흐름**

일반적으로 새로운 자동차의 개발과정은 기획 단계(About 4 Years Ago), 설계 단계(About 3 Years Ago), 시험 단계(About 2 Years Ago), 생산 준비 단계(About A Year Ago)의 단계로 수년의 기간과 막대한 개발비를 필요로 하고 있다.

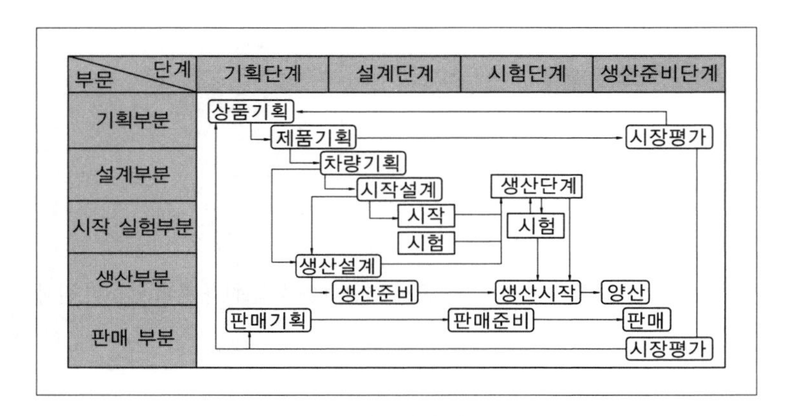

[그림 6-4] **자동차의 개발 흐름**

3. 자동차 제품 개발

1) 레이아웃의 결정 과정

기획에서 고려된 것들에 대해서 제품의 배열 등 실제의 치수를 결정해가는 작업이 레이아웃 작업이다. 자동차의 이용자가 직접적으로 차지하는 공간이나 치수 등을 정한다. 자동차에 구성되는 여러 가지의 시스템들 즉, 기관이나 변속기 등의 원동기 및 동력 전달 장치, 타이어와 현가장치, 브레이크, 스티어링, 연료계, 냉각계 등의 섀시 시스템 및 기기류, 계기, 각종 램프, 와이퍼 등 각 부품에 대해서 기본 치수와 배치를 결정한다.

카탈로그 등에 표시되고 있는 주요 제원들이 대부분 이 기본 레이아웃에 의해 기본적으로 결정된다. 이 기본 레이아웃이 불완전하면 상세 설계 과정 중간에 수정하는 데 많은 시간과 비용을 허비하게 되므로, 도면상의 엄밀한 검토는 물론 수많은 조사, 검토, 연구, 실험이 동시에 이루어져야 한다. 또한 레이아웃의 타당성을 체크해 가면서 개발을 진행해 나간다. 이렇게 확실하게 작업된 레이아웃의 결정 시기는 동시에 자동차 스타일의 결정 시점이 되기도 한다.

2) 스타일의 결정과 디자인 과정

(1) 스타일의 역할

① 자동차의 성능을 표현하는 역할

자동차의 치수, 성능, 특성에 대해서 어느 것이나 정도의 차이가 있으며, 눈에 보이는 "형태(Type)"로 주의를 받게 된다. 타입의 인상을 "스타일(Style)"이라 한다면 이 스타일을 결정하는 것이 자동차의 치수, 성능, 특성을 결정하는 요인이 된다. 자동차의 특성은 이 스타일에 의해서 표현된다고 볼 수 있다. 자동차의 성능이 좋다는 것을 넓은 의미로 자동차 사용자의 이용 목적에 적합도가 높은 것이라 한다면 차의 스타일은 일반적으로 그 차의 성능을 의미한다고 할 수 있다. 스타일을 형성하는 주요 항목의 예를 보면, 일반적으로 모든 승용차와 승합차는 차종에 관계 없이 모두 전폭은 거의 같으나, 차종에 따라 타는 사람의 배치가 다르게 되면 결과적으로 전고를 달라지게 하고 그만큼 스타일의 차이가 생긴다. 이 차이는 보디 형식의 차이라 할 수 있다. 이와 같은 보디 형식도 승용차로 부르는 범위에서는 차의 종류에 따라 여러 종류가 있으며 디자인 목적에 따라 선택된다. 또한 4도어 세단이라 불리는 승용차에서 일반적인 보디 형식의 자동차인데도 느낌이 크게 다른 경우가 있다. 이 인상의 차이는 치수의 차이에 기인한 것이다. 거주 공간, 트렁크 공간, 기관의 크기 등을 목적으로 하는 차이가 치수의 차이로 나타나고 따라서 인상이 달라진다. 스타일 결정에서는 치수의 제원이 가장 기본적이고 중요한 요소이다. 예를 들어 자동차의 높은 동력 성능을 얻기 위하여 큰 기관을 탑재하면 엔진이 차지하는 보닛의 공간이 길어지게 된다. 또한 주행의 성능을 높이기 위해 개발되는 타이어 형상은 자동차의 인상을 강력하게 표현하는 요소이다. 자동차의 주행 중 공기 저항을 감소시키기 위한 연구는 스타일의 보디 형상을 결정하는 중요한 사항이 되고, 따라서 자동차 주행 성능의 목표는 그 자동차의 스타일의 성격을 형성하는 즉, 스타일의 특징을 나타내는 중요 요소가 된다.

② 자동차가 갖고 있는 사상의 표현 역할

현대 문명사회의 생활에 있어 자동차는 필수적인 문명의 이기로 자동차 이용 없이는 사회 활동과 경제 활동을 할 수 없게 되었다. 이에 따라 다양한 사용 목적에 따라 각양각색의 형상을 갖는 자동차가 만들어지고, 사용자에 따라 기호에 맞는 자동차가 나타나고 있다. 자동차를 만드는 기업은 사용자의 수요 요구에 따라 경쟁력 있는 자동차를 지속적으로 개발하고 있다. 또한 자동차는 인류 문명의 역사상 인간이 발명한 최고 가치의 기계로 인간과 가장 밀접하게 공유하며 가장 오랜 동안 발전을 해온 기계시스템이라 할 수 있다. 따라서 자동차의 스타일에는 사용자의 생활 표현과, 자동차를 만든 기술의 표현, 자동차를 만드는 기업의 철학, 자동차의 출현 시기의 사회적, 문화의 표현 등이 모두 담겨져 있다고 볼 수 있다.

㉠ 사용자의 생활 표현 : 자동차는 대단히 큰 기계시스템이고 넓은 공간을 움직이고 달리기 때문에 시간적, 공간적으로 사람의 눈에 필연적으로 띄게 마련이다. 여러 사람에게 보여지는 것은 차의 성능을 평가할 때 아주 중요한 요소가 된다. 예를 들어 스피드를 바라는 젊은 사람과 생각을 달리하는 중·장년층은 자동차 선택에 차이가 있을 수 있다. 의식적이든 무의식적이든 그 사람의 자동차에 대한 생각, 생활에 의한 사고방식이 자동차를 통해서 표현되고 있다 할 수 있다.

㉡ 자동차기술의 표현 : 자동차는 많은 기술 집합에 의해 성립 된다. 많은 기술자의 열의와 노력으로 이룩되는 것이다. 훌륭한 물건을 만들겠다는 열의는 하나의 자동차 스타일이 되어 나타난다. 예를 들어 운전석 앞에 설치되어 있는 기계패널 하나를 보더라도 그 자동차만의 차별화된 독특한 최선의 기술을 상징하는 것으로서 개발자의 많은 연구가 있었고 따라서 그 자동차를 만든 기술자의 정성과 열의를 형상으로 바꾸어 표현한 것이라 볼 수 있다.

㉢ 기업의 사고방식 또는 기업이 갖고있는 철학의 표현 : 자동차의 작은 부품 하나라도 그 차를 개발하고 만들어온 사람의 사고방식과 철학이 나타나는데, 자동차 전체를 본다면 오랫동안 그 차를 만든 기업가의 사고나 철학이 잘 표현되고 있다고 볼 수 있다. 당시의 시대 상황을 그 기업이 어떻게 보고 있고, 어떻게 하고 싶은지가 고스란히 자동차의 스타일로 표현된다. 따라서 스타일의 결정은 기업 경영 철학의 중요한 판단이라 할 수 있다.

㉣ 문화의 표현 : 여러 나라에서 자국의 자동차가 보급됨으로써 많은 사람들이 그 자동차를 만든 나라의

언어와 문화를 인식하는 기회가 늘어나게 된다. 자동차를 통해서 자국의 경제력과 기술력을 인식시키고, 자동차를 통해서 자국의 생활 사고방식이나 생활 철학까지를 인식하게 할 수 있다. 따라서 한 나라의 문화를 표현한다는 또 다른 역할을 하는 셈이다.

(2) 디자인 과정

① 자동차 디자인의 특성과 디자인 분류

자동차의 디자인은 다른 공업 제품과 달리 크고 복잡한 시스템으로 구성되는 상품으로 다음과 같은 특징을 지니고 있다.

첫째, 자동차는 고가의 상품이다.

둘째, 개발하는 데 막대한 투자비용을 필요로 하고 있다.

셋째, 소비자의 특성 범위가 넓고, 불특정 다수의 요구를 대상으로 하고 있다.

넷째, 환경, 안전 등 사회문제와 관련이 깊고 국가의 관련 법규 규제를 받고 있다.

다섯째, 개발기간으로 3~4년의 장기간을 요하기 때문에 디자인 개발은 장래 상황을 예측해야 한다. 자동차의 디자인의 분류는 자동차 시스템의 구성으로 보아, 외형 디자인, 실내 디자인, 컬러 디자인, 부품 등 액세서리 디자인으로 구분할 수 있다.

② 개발 기획 단계의 디자인 과정 – 이미지 결정 단계

구체적인 디자인 시작에 앞서 개발 관련 부서에서 제시된 제반정보, 사회 변화 예측 등을 종합적으로 검토하여 자동차의 스타일에 대한 디자인 기획을 입안하고, 디자인 진행 방향 설정을 도모한다. 이 기획을 구체화시키기 위해 상품 기획, 영업, 설계, 시험부문 등의 타 부문과 토의를 진행하며 상품 이미지와 제원을 고정한다. 이 과정에서 자동차의 기획, 구성을 시작하기 앞서 회화적 표현의 스케치가 작성된다. 이 과정은 자동차 개발의 기획을 잘 이해한 디자이너에 의해 여러 가지 상태의 기획이 현실화 된다는 의미에서 디자이너의 창조적 활동이라 할 수 있다. 이러한 회화적 표현의 스케치 작업은 비교적 작성이 용이해 그만큼 다양한 실현 가능성을 검토할 수 있다. 작성된 많은 스케치 중에서 기획에 가장 적합한, 또는 기획의 취지를 가장 잘 표현한 스케치가 선택되고, 마침내 자동차의 기본적 스타일 특성의 이미지가 만들어진다.

③ 개발 초기 단계의 디자인 과정 – 스타일의 방향 결정 단계

스타일 개발의 초기 단계는 기획에 의해 레이아웃의 검토가 이루어지면서, 스케치와 간이 모델 등 스피디

한 검토 방법으로 스타일의 아이디어가 시각화 된다. 선정된 이미지를 토대로 실제 치수를 부여하면서 스타일의 검토가 진행된다. 이 단계에서 1/5 정도로 축적된 스케일 모델로 전개하여 상품의 특성을 검토하는 등 기본 안이 만들어질 때까지 수차례의 반복을 거듭하면서 수정을 가하여 스타일의 방향을 좁혀 나가고, 실제 치수 크기의 그림을 그리며 검토가 이루어진다. 이렇게 검토된 도면을 기초로 하여 클레이 모델과 같은 작업에 의해 더욱 구체적인 입체적 검토가 이루어진다. 그리고 공기역학 실험도 함께 시작하여 자동차로 실현시키기 위한 여러 가지의 필요조건들을 적용하면서 이미지를 입체적 형상으로 구현시킨다. 이러한 과정 중에 목업(mock - up) 작업을 하면서 레이아웃의 확인과 수정, 실내 디자인의 검토가 이루어진다. 여러 가지 기기가 구체적으로 배치되고, 자동차와 사람과의 인간공학적인 요소인 계기 패널 주위나 신체 적응의 직접적인 관계가 있는 시트 등 실내 디자인의 과제도 검토된다. 이 단계는 자동차 스타일을 결정하는 과정 중에서도 가장 역동적이고 활발한 단계이다. 조형미의 과제와 자동차의 기능적 성능을 결정하기 위한 필요조건과의 상호 보완 작업이 형성되면서 하나의 스타일로 결정해가는 것이다.

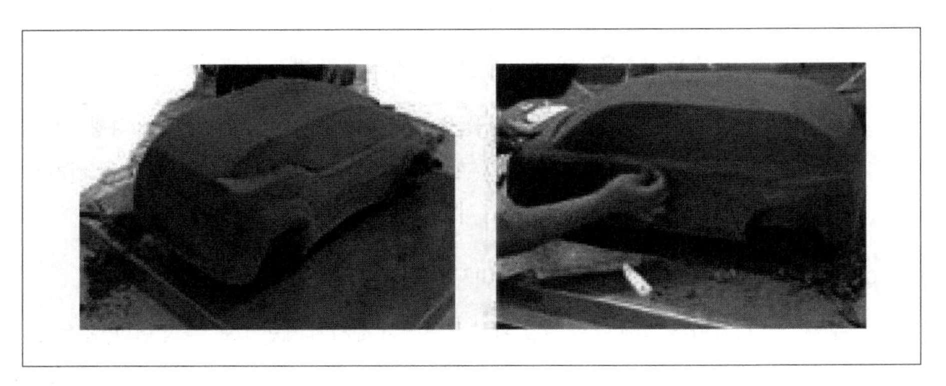

[그림 6 - 5] **클레이 작업**

④ 생산화 이행 단계의 디자인 과정 - 스타일의 결정 단계

스타일을 결정하기 위한 방침이 세워지면 실현을 위한 검토가 상세하게 진행된다. 이 과정에서는 1/1 모델로 검토가 이뤄진다. 이 모델에서는 완성된 차량의 상태가 거의 두드러지게 표현되고, 드라이빙포지션이나 승강성, 구조상의 문제와 제조상의 문제도 명확하게 드러나게 된다. 따라서 영업상의 판매 정책에서의 요구사항도 구체화된다.

영업, 기획, 설계부문 등에 발표를 하여 상품 이미지와의 적합성, 디자인의 품질, 생산성 등이 검토되고 이들을 종합하여 최종적으로 플라스틱 모델 등의 형상으로 마무리 작업이 이루어져 책임 부서의 의지가 하나의 스타일 결정의 결실을 보게 된다.

양산 스타일로 결정된 한 대의 모델을 중심으로 양산을 위한 스타일 결정 프레젠테이션 장소에서 경영자로부터 "고(go)"의 사인을 받게 되면 자동차의 개발은 기획 · 계획 단계에서 개발 · 설계 단계로 들어가게 된다.

이렇게 최종적인 스타일이 결정되면 자동차의 개발은 새로운 단계에 들어간다. 생산을 위한 디자인 인력이 보강되고 양산화를 위한 개발 · 설계가 각 시스템과 부품마다 전개된다. 설계자와 디자이너의 협동작업으로 결정된 스타일의 구체적 실현 사항들을 현실의 물건으로 만들기 위해서 각종 기구의 연구나 제조 방법이 검토되고 재질이나 표면 처리의 방법 등을 결정한다.

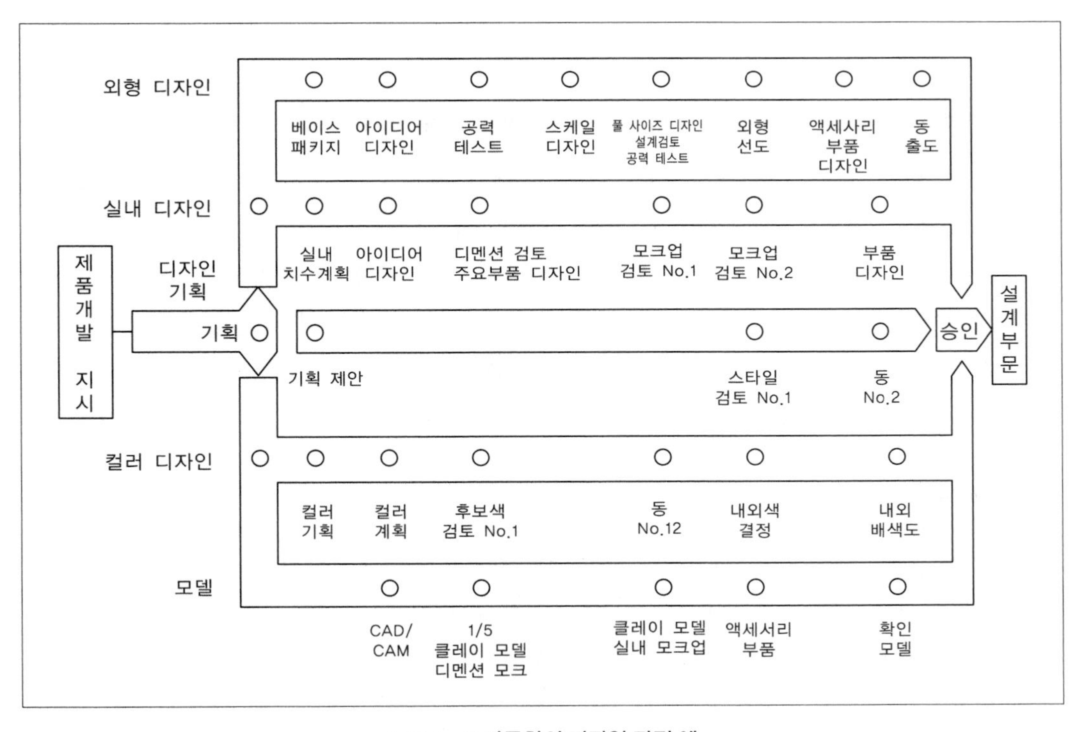

[그림 6-6] **자동차의 디자인 과정 예**

⑤ 미래 자동차 디자인 작업의 발전

미래의 자동차는 인류가 존재하는 한 지속적으로 수요자의 감성적 스타일의 다양화, 개성화, 쾌적화의 진전 등으로 고도 기술의 실용화에 따른 고기능화, 에너지 고효율화로 발전되어 갈 것이다. 또한 수요시장을 고려하여 국제적으로 현지 생산 등 생산 기지의 글로벌화도 한층 확대되어 갈 것이다. 이에 대응하여 다양한 디자인을 개발하기 위한 시스템과 개발 초기 단계에서 요구되는 높은 창조성을 창출하기 위한 개인적, 조직적 능력을 발휘할 개발 과정의 역할 구분 연구 등 창의적 활동 발상의 시스템과 과정이 중요해질 것이다. 인간과 자동차를 보다 조화롭게 밀착화시키는 연구도 중요한 과제가 될 것이다. 급진적으로 발전하고 있는 정보과학 기술과 인공지능(AI)의 기술이 자동차에 접목되면서 지금까지 발전되어 온 내연기관 동력원을 갖는 자동차 산업과 사회적 시스템에도 예측하기 힘든 4차 산업 혁명의 기술 혁신이 자동차를 통해서 일어날 것으로 예측된다. 이를 위해 심리학이나 생리, 의학적 접근에 의한 인간성 연구 등도 자동차를 개발해 나가는 방식과 질적인 향상에 있어 중요한 과제가 될 것이다.

3) 자동차 디자인에 사용되는 주요 용어들(출처 : 자동차의 기본계획과 디자인)

(1) ABS(Anti-lock braking system), 또는 ABS(Affordable Business Structure)

잠김 방지 제동 장치(ABS)는 자동차를 안정적으로 제동하는 역할을 수행하는 장치이다. 일반 제동장치의 경우는 자동차가 급제동할 경우, 좌우 바퀴의 잠김 현상 때문에 바퀴가 좌우 방향으로 미끄러지는 경우가 발생한다. 또한 이러한 자동차는 차체가 옆으로 쏠리게 됨으로써 차선을 벗어나 회전하게 된다. 이를 방지하기 위해 순간적으로 바퀴의 제동 잠김을 반복하여 주는 원리의 제동장치가 ABS이다. 또한, ABS(Affordable Business Structure)는 경영 관리의 용어로 투자와 수익의 균형을 나타내는 것으로 비즈니스(Business)가 성립될 수 있는가를 검증하는 구조를 말한다.

(2) AERODYNAMICS

자동차의 보디 외형을 설계하는데 있어서 자동차의 주행 시 공력의 효과를 높이는 공기역학. 공기역학의 공기 저항계수를 나타내는 CD값, 공기 저항 값(유럽에서는 CX값)을 설정하는 연구로 CD값이 감소하면 자동차 연료 소비율이 향상되는 효과가 있다. 자동차의 적용에 있어서 3명의 선구자로 RUMPLER, JARAY, KAMM이 있다. 작은 저항 값이 의미하는 것은 적은 공기 마찰을 갖는 것으로, 보다 좋은 공기의 흐름과 공기저항을 받지 않고 통과하기 좋은 것을 나타낸다.

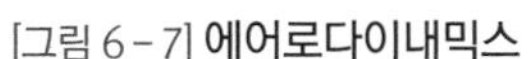

[그림 6-7] 에어로다이내믹스

[그림 6-8] 에어 댐

(3) AIR DAM

Aerodynamics를 응용한 공력 향상책의 하나로, 프론트뷰의 최하 단에 있어서의 저항 값을 줄이는 목적으로 Lip 등을 장착하여 접지력 향상으로 안정감을 늘리는 형상을 갖는다.

(4) ANTICIPATORY DIMENSION

방풍, 방음과 공력 향상을 위해 진행방향에 대한 도어의 끝과 생산기술상 보닛(Bonnet) 등 보디(Body)와의 연속감이 있는 면에 보여지기 위하여 행해지는 형상이다.

(5) APEAL

고객만족도를 표현하는 J.D POWER社의 평가의 정도를 나타낸다. APEAL은 Automotive Performance Execution And Layout Study의 약자로 구입 3개월 후 초기 사용 만족도의 조사이다. 1995년부터 조사가 개시 되었으며,

조사항목 분야는

① **엔진/트랜스미션**(Engine/Transmission)

② **조정실/계기판**(Cockpit/Instrument Panel)

③ **승차감과 조작성**

④ **쾌적성과 편리성**

⑤ **시트**(Seat)

⑥ **공조**(Air Conditioning)

⑦ 오디오(Audio)

⑧ 스타일링(Styling)/외관

등에 관한 상세항목을 포괄적으로 평가한다.

(6) APPLIQUE

일정한 작품에 별도로 가죽, 천에 의한 다채로운 장식으로 제작된 장식 모양을 덧붙이는 장식법을 말한다. 예를 들어 데코레이션 커버(DECORATION COVER) 등이다.

(7) ASPECT RATIO

세로, 가로의 비율로 자동차의 타이어에서는 타이어 단면 폭에 대한 높이의 비율로 사용되며, 자동차의 외형 디자인에서 전면의 가로, 세로의 개구비로 주로 프론트 주위, 그릴, 램프류의 특성 비율을 균형 있게 배치시킬 때 쓰인다.

(8) BAY WINDOW

내부 스페이스 효율을 늘리기 위해 Rear gate hatch의 가장 외측에 설치되는 윈도우 형식을 말한다. 원래는 벽면보다 밖으로 튀어나오게 만든 창문으로, 중세의 매너 하우스에서 영주의 자리가 있던 상단의 베이(bay)에 만들어졌기 때문에 베이 윈도(bay window)라 불렸다. 2층 이상인 것도 있으며, 1층이 없고 2층 이상에 만들어진 것은 오리얼 윈도(Oriel Window)라 하고, 창면을 곡면으로 만든 것은 보우 윈도(bow window)라 한다.

(9) BELT LINE

자동차 차체에서 측면의 유리창과 차체를 구분하도록 수평으로 그은 선이다. 차의 균형인 프로포션(proportion)을 결정시키는 것은 물론, 사이드 뷰에 있어 Belt Line의 특성과 위치를 결정하는 가장 중요한 역할을 하는 라인이다.

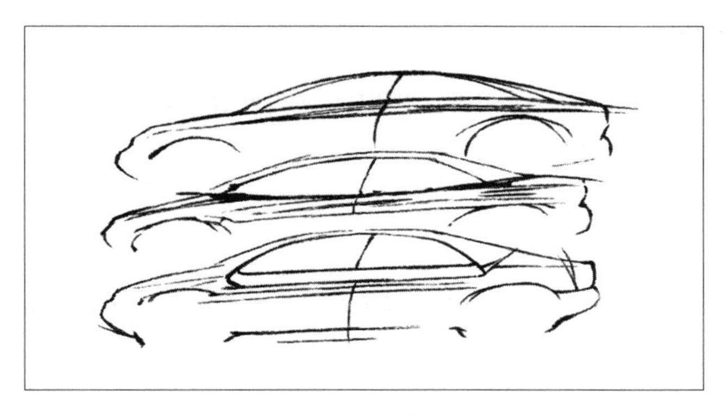

[그림 6 - 9] BELT LINE

(10) BLISTER

레이싱카의 오버 팬더처럼 수평 방향을 크게 강조시키는 휠 아치(Wheel Arch)를 말한다.

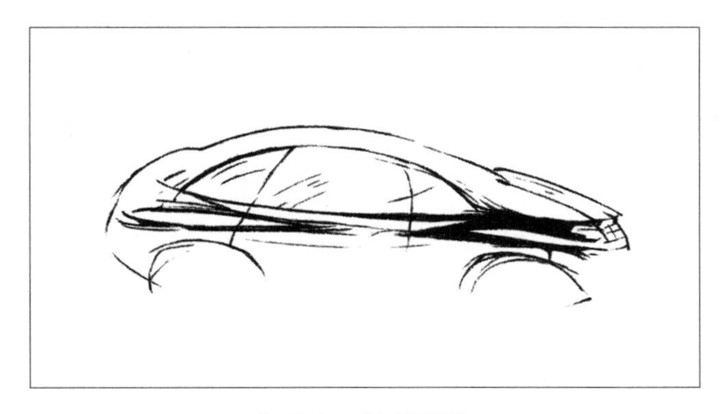

[그림 6 - 10] BLISTER

(11) BODY LANGUAGE

자동차의 특징을 표현하는 것으로 어필성, 메시지성, 이미지성 등 익스테리어(Exterior) 디자인에 표현되고 있는 면 구성이나 엘레멘트의 그래픽에 따른 차체 형상을 나타낸다.

(12) BONE LINE

본 라인은 디자이너가 자주 사용하는 방법으로 딱딱한 감을 유지시키면서 예리한 에지(Edge)를 제거하여 선이나 면의 연속성을 암시시킨다.

(13) BOX

자동차 차체 구성상의 공간 볼륨을 규정하는 것으로 엔진부, 카빙부, 트렁크 스페이스부로 나눠지면 3BOX 형이라 한다. 일반적으로 1박스, 1.5박스, 2박스, 3박스형으로 구분되며 1VOLUME, 2VOLUME, 3VOLUME으로도 표현한다.

(14) BRAKE

마차 시대의 Wagon 타입의 자동차를 총칭하는 것으로, 예를 들어 Shooting Brake는 수렵을 위해 사냥개를 태우는 스페이스를 갖는 자동차 스타일을 말한다.

(15) BRAND

브랜드는 자동차의 이름을 나타내며, 자동차가 갖는 압축된 메시지를 담고 있다. 브랜드는 제품의 경영자원이며 세계에 통용하는 존재감을 나타낸다. 브랜드는 고객의 머릿속에 있는 예금 구좌와 같다고 할 수 있다.

(16) BUCK

인테리어 디자인에 있어서 거주성을 확정하기 위하여 시도하는 목업(Mock-Up) 작업, 앞좌석 쪽만을 할 경우는 Halt Buck이라 한다.

(17) CAB-FORWARD

공간 효율을 좋게 하기 위해 3Box 세단을 Base로 하여, Cabin을 전방으로 밀어올려 Dynamic하게 보이게 하는 Mono Form이다. 인테리어 효율 향상을 목적으로 하는 Mono Form 지향을 위해 캡 포워드를 더 발전시킴으로써 고객은 스페이스 효율을 알게 된다.

[그림 6-11] CAB-FORWARD

(18) CANNIBAL

식인 풍습을 뜻하는 언어로 식인종이 자기 종족을 서로 잡아먹듯이 어느 기업이 도입한 신기술이 자기 사업 영역을 갉아먹는 현상을 설명하는 경영학 용어로, 서로의 모델이 양립하지 않는 상태로 서로 잡아먹는 것을 말하는 시장 용어로 쓰인다.

(19) CANT RAIL

Roof Panel과 Cab Side Frame을 연결하는 접합부의 Cover 부재를 말한다.

(20) CARROZZERIA(COACH-BUILDER)

우수한 디자인 힘을 갖는 이탈리안 디자인 공방으로 마차를 만드는 일을 했다. 특히 토리노(TORINO)시 주변에 집중되어 있다. 오늘날은 자동차 디자인 전문 용역 회사를 지칭하기도 한다.

(21) CERAMIC LINE

유리를 접착(Ass'y) 시키면 Trim 등 내장재에 변화가 생기는 것을 방지하기 위해 유리에 구워 넣어서 붙인 띠를 말한다.

(22) CHARACTER LINE

차체 옆면 중앙을 길게 가로지르며 자동차 측면의 개성을 표현하는 선으로, 기능성은 없는 시각적인 장식 요소다. 피처라인(Feature Line)이라고도 한다.

(23) CLAY

점토를 말하며 스케일 모델, 풀 사이즈 모델 제작을 위해 점토를 사용한다. 디자인 과정에서 사용되는 모델의 작업 중에 점토가 아니어도 그 작업을 Clay라고도 부른다.

(24) CODA

이탈리아어로 동물의 꼬리를 말하는 것으로, 자동차의 후부 Tail을 가르키는 이탈리아어이다.

(25) CONSUMER CLINIC

자동차 제조사가 착안하여 창조한 개념이나 패키지 그리고 스타일 등이 목적대로 고객에게 실제로 받아들여지고 있는지 확인하는 과정이다. 다른 경합차나 자사의 차기 모델이나 스케치 또는 스케일 모델 등을 사용하여 실시한다. 또는 직접 고객의 소리를 들어서 어떤 항목들이 어떤 평가를 받는 가에 대한 상세한 정보를 수집하여 각각의 의견을 분석함으로써 상품의 성공을 이루게 하는 시스템이다.

(26) CLADDING

강판에 다른 금속을 접합하는 용접을 하여 복합재(Clad sheet)로 서로 다른 금속을 중합시켜 완전히 결합시킨 층 모양의 복합 합금이다. 스포츠 유틸리티, 4WD차 등의 보디사이드에 붙여 사용한다. 비석 방지의 보호 커버로 사용하는 것을 Applique라고도 부른다.

(27) CONTOUR

외형, 가장자리 따위의 뜻으로 물체의 형태는 그 윤곽을 선으로 그리지 않더라도 주위의 색이나 질의 차이로 그 윤곽을 구분할 수 있고, 의식적으로 물체의 윤곽을 선으로 그려서 윤곽을 나타낸다. 예를 들어 체형에 맞춰서 만들어지는 인체선 등이다.

(28) CONCEPT CAR

자동차에 대한 고객들의 성향이 앞으로 어떻게 바뀔 것인가를 감지하기 위해 그 목적에 맞게 자동차를 개발하여 모터쇼에 출품해서 고객의 반응이나 동향, 거부성 등을 체크하는 것을 목적으로 만든 미래형 자동차를 말한다. 오늘날에는 넓은 의미로 아직 시판은 되지 않고 현재 개발이 진행 중인 상태에서 모터쇼에 출품된 자동차까지를 포함한다.

1950년대 GM이 [Moto Ramas] 로드쇼에서 장래의 고객의 교육이나 예측을 하게 한 것이 시초이다.

(29) COORDINATES

좌표를 말하며 X-Y 좌표축에서 자동차를 묘사하여 모두의 포인트를 시스템 체크에 한정한다.

(30) COUPE

Cut을 의미하는 프랑스어가 어원으로 초기의 자동차 보디 형식이다. 2도어 2인승의 비교적 높이가 낮은 승용차로, 뒤에 1인용의 접이식 의자를 갖는 경우도 있다. 자동차 명칭의 쿠페란 말은 프랑스에서 경쾌하게 달리던 2인승 두 바퀴 마차에서 유래한다.

(31) COWL

프런트 윈도와 보닛이 만나는 부분 연결된 앞쪽 윈도 실드(Shield)의 하단에 객실과 엔진구획의 경계로 앞 유리와 계기판을 포함하는 부분을 말한다. 카울의 형상은 공기의 흐름 저항을 작게하는 데 중요한 요소이다. 포뮬러 카 등에서는 플라스틱제 윗부분을 뗄 수 있게 되어 있는 보디를 총칭하며 오토바이나 프로펠러식 비행기의 엔진 부분을 덮고 있는 것도 카울이라 한다.

(32) CUE

Detail copy로서 다른 차로부터 느끼는 부분으로 마음을 끌게 한다.

(33) CYCLE PLAN

전 차종의 모델 체인지와 마이너 체인지의 Life Cycle plan을 말한다.

(34) DERIVATIVES

모방되어 파생적으로 만들어지는 자동차

(35) DECK

Rear의 수평부 트렁크 덮개로 미국에서는 Deck Lid, 영국에서는 Boot Lid라 부른다.

(36) DIMPLE

보조개의 뜻으로 표면에 조금 옴폭 들어간 부분을 말한다.

(37) DOUBLE DOORS(좌우 여닫이 문)

건축용어에서 파생되어 자동차에서는 1950년과 현재의 콘셉트카에서 많이 볼 수 있는 문으로 앞뒤로 타고 내리는 자유로운 스타일의 도어 형식이다.

(38) DLO

원래는 건축용어(Daylight Openings)로 사용되었는데, 자동차 외형 디자인에서 옆 창문의 사이드 뷰(Side View)를 가리키는 것으로 단일 요소로는 자동차 외형의 가장 큰 면적을 차지함과 동시에 금속 부분과 창의 유리 부분이 강하게 대비를 이루는 부분이기 때문에 매우 중요한 부분으로 다뤄진다. 창의 프레임 수에 따라 4라이트, 6라이트라고 부른다.

(39) DNA[Deoxyribonucleic Acid]

Deoxyribo 핵산을 가리키는 것으로 자동차업계에서는 각 메이커의 Legend나 브랜드 표현의 원점이나 속성으로 부른다.

(40) FAMILY FACE

자동차 모델의 공통된 표현을 갖는 앞 모양을 말하며 각 메이커의 BRAND 표현을 나타낸다.

(41) FAST BACK

1948년대 GM 자동차의 루프라인이 지붕과 후부 사이에 계단이 지지 않고 매끈하게 드라마틱하게 강하되는 형태로, 뒤에서 볼 때 유선형의 빠른감을 주는 데서 유래된다.

벤틀리 콘티넨탈(Bentley Continental)에 영향을 미친 1950년대의 트렌드 모티브(Trend motive)이고, 1965년에 Ford Mustang, Plymouth Barracuda에 큰 영향을 주었다.

(42) FEASIBILITY

현황이나 장래 예측 등을 통해 사회적 영향, 경제성, 기술성 등의 다각적인 분석에 따라 계획된 프로젝트의 실행가능성을 말한다.

(43) FEATURES LIST

프로덕트 플래너의 사양 특징의 리스트로 독특함을 비롯 모든 자동차를 구성하는 컴포넌트(Component)의 도큐먼트(document) 이슈(Issue) 등을 나타내고, 디자이너는 이것을 받아서 새로운 시대의 해석을 감안하여 새롭게 창조한다.

(44) FIGURINO

이탈리아 어원으로 모형 Rendering(상상도, 전개도)으로 손에 의한 스케치를 의미한다.

(45) FRONTAL AREA

자동차의 전면 투영 면적을 나타낸다.

(46) FUNCTIONAL BUILD

실제의 시트, 메탈 등 양산의 Touring을 사용하여 기능 요소를 갖춘 시범적으로 만들어진 시작 차이다.

(47) GARNISH

자동차 차체에 붙여지는 여러 가지 장식물을 말하며, 아플리케(APPLIQUE)와 동등하게 취급한다.

(48) GENUINE LEATHER

천연의 진짜 가죽을 말한다.

(49) GRAIN

원 재료의 잔주름, 주름 방지를 위해 플라스틱 표면에 들어가는 패턴으로 Indent grain은 옴폭 파진 것을, Raised grain은 튀어나온 볼록한 것을 나타낸다.

(50) GRILL

석쇠라는 의미로 자동차의 라디에이터를 보호하는 그릴은 자동차의 전면 페이스를 나타내는 상징이 된다.

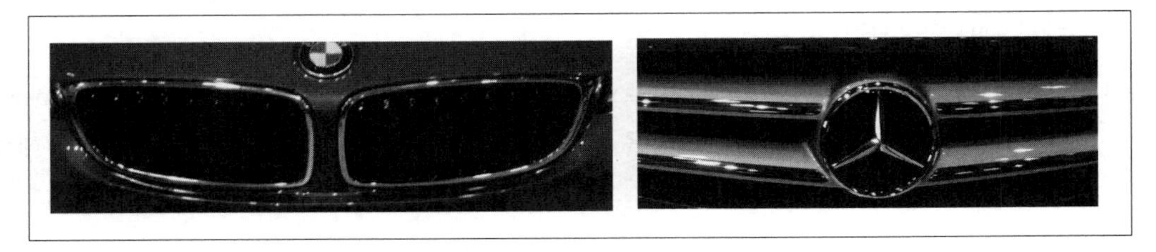

[그림 6 - 12] GRILL

(51) HARD POINT

디자인을 하면서 반드시 지켜야 하는 치수 및 확인 점의 장착 설계 점을 말한다. 디자인에서 큰 범위가 정해져 콘셉트가 굳어져가는 단계에서 하드 포인트를 고정시킨다.

(52) HAPTIC DESIGN

촉각으로 위치를 아는 디자인

(53) HEADER

윈도 스크린 상단을 말한다.

(54) HIGHLIGHTS

디자이너의 목적대로 면이 빛을 받아 통과하는 표면으로 시각적으로 순조롭게 통과한다. 하이라이트의 침체가 자연스럽게 보이게 컨트롤 한다. 디자인에 있어서 가장 중요한 마무리 과정이다.

(55) HIP POINT

치수 측정의 기준이 되는 인간의 허리의 중심점을 말하며 패키지 구성상의 모든 기반이 된다. 가장 중요한 드라이버 Hip Point 설정에 대해, 시각 위아래 라인의 시인성 각도의 조건을 나타내며 이론상 타협이 없는 포인트이다.

(56) HUE

빛깔, 색조, 색상(色相)

(57) KICK PLATES

마차시대에는 목재로 만들어졌던 것으로 원래 상처 방지가 목적으로 도어 오픈 시에 Sill(문턱)상에 장착된 플레이트

(58) KAMM TAIL

공기역학의 향상을 위해 자동차 섀시의 뒷부분을 떨어뜨리는 형태로 공기의 흐름을 절단하는 효과가 있다.

(59) LIMOUSINE

원래 리무진은 독일어로 '세단'이란 뜻이지만, 자동차 스타일에서 리무진은 세단과 구별하여 운전석과 뒷좌석 사이를 유리 칸막이로 분리한 다인 승객용의 승용차를 말하며, 이것은 마차 시대에 마부 석에는 지붕이 없었던 것에서 유래한다.

(60) MILLING

금속 등의 면을 평평하게 깎는 작업

(61) MINI VAN

자동차의 분류로 Van과 Station wagon의 특징을 절충한 형상의 자동차로 크라이슬러가 최초로 미니버스와 세단을 융합시켜 선견성이 있는 앞선 구상으로 성공을 한다. 현재는 많은 Maker가 이런 모델을 준비하고 있다.

(62) MOCK UP

실물 모형을 말하며 목업은 일반적으로 장비나 제품의 시제품을 제작하기 전에 설계 검증을 위하여 실물과 동일하게 또는 축척을 적용하여 가공이 쉬운 소재로 만든 모형으로 실물과 형상이 동일하거나 유사하지만 작동은 하지 않는다.

(63) MOQUETTE

보풀이 있는 벨벳과 비슷한 직물의 한 가지로 의자 커버 등에 대는 모직물

(64) ORGANIC

직선이 없는 연속된 면을 나타내며, 동물이나 식물 등의 자연계에서 Inspiration(영감)을 따오는 Design Approach를 말한다.

(65) OVERHANG

바퀴의 중심을 지나는 수직면에서 자동차의 맨 끝 부분까지의 수평 거리를 말하며, 앞바퀴 중심에서 자동차 맨 앞단까지를 Front Over - hang이라 하고 뒷바퀴 중심에서 자동차의 맨 뒤까지의 수평거리를 Rear Overhang이라 한다.

(66) ONE PIECE MOLDED

일체성형(一体成型)을 말한다.

(67) PACKAGE

건축의 엔지니어링적인 언어로 어떠한 차에 있어서도 최대 Exterior space/최소 Exterior space를 목표로 해야 할 패키지의 본연의 자세를 나타내는 가장 좋은 예를 나타내고 있다.

(68) PILLAR POST

자동차의 지붕을 지탱하는 기둥인 Pillar를 전방으로부터 순서로 A, B, C, D,…로 나타낸다.

(69) PLATFORM

자동차를 만드는 데에 있어 토대가 되는 부분이다. 플로어, 프레임, 휠, 엑슬, 파워트레인 등이 있다. 밖으로부터 의식하지 않으면 보이지 않는 부분까지 포함한다. 자동차의 구성상 제일 높은 가격으로 완성까지에 긴 공정시간이 걸린다.

Designer나 Planner는 하나의 Platform으로부터 어떤 다양성에 예를 들면, 맛이 다른(Taste) Brand, Proportion(균형)이 다른 것 등 풍부한 특성으로 차이가 있는 스타일의 표현이 될까 조사하고 있다.

(70) PLANE VIEW & PROFILE

평면도와 측면도를 말한다.

(71) PROPERTY

자동차의 모델링, 클리닉 등 프리젠테이션에 사용되는 자료나 스케치

(72) RENDERING

프레젠테이션용의 상세한 스케치

(73) ROULETTE

Switch 등에 잡기 쉽도록 홈을 넣은 것

(74) ROCKER PANEL

문 하단의 Body 구조 부재를 말하는 미국식 표현으로. 영국에서는 Sill(문턱, 문지방)을 나타낸다.

(75) SHUT LINE

Door를 열고 닫는 것으로 열 때는 오프닝 라인이라고도 부른다.

(76) SPOILER

자동차의 공력을 활용하기 위해 공기역학적으로 작용하는 날개로 주 Down force를 얻는다.

(77) SWEEPY

디자이너 자신이 스스로 작성하는 느긋함의 스케치용 정의

(78) TAPE DRAWING

패키지에 근거해 1/4, 1/5 혹은 Full size로 접착성이 있는 테이프를 사용해 그린다. 디자이너의 의도를 표현한 스케치 3면도를 작성한다.

[그림 6 - 13] TAPE DRAWING

(79) TOLERANCE

부품 등을 제작할 때 설계상 정해진 치수 값에 대해 실용적으로 허용되는 범위의 오차를 나타내는 공차(公差)값이다.

(80) TUMBLE FORM

자동차 정면 모습이 와류의 뒹구는 형태의 모양

(81) TURN UNDER

자동차를 정면에서 보았을 때 하반신이 아래로 오므라드는 형태의 모양

(82) WEDGE LINE

접은 자국 모양의 쐐기 모양 라인(Wedge line)으로 그릴 부분이나 Bumper 부분 등의 디자인에 들어간다.

(83) WRAP AROUND GREEN HOUSE

차체의 측면 외관에서 윈도우의 하부의 선에서 상하로 나누어 상부의 유리 부분과 루프, 필러를 포함한 부분으로 둘러싸인 부분을 말한다. 즉 벨트라인 윗부분을 전체적으로 가리키는 말이다.

(84) WHEEL ARCH

바퀴가 장착되어 있는 공간으로 바퀴를 둘러싸고 있는 펜더에 있는 반원형의 개구부(開口部)를 말하며 휠 하우스(Wheel House)라고도 한다.

(85) ZORRO

비교적 컴팩트한 패키지의 자동차를 다이나믹하게 보이게 하는 처리로 스포티한 자동차의 카테고리에 사용된다.

4) 자동차의 생산 준비를 위한 설계 단계

(1) 설계의 역할과 과정

자동차에 대한 설계는 기능을 구현할 수 있도록 시스템 전체를 계획하고, 시스템을 구성하고 있는 부품 개개의 형상, 치수, 재료, 재료의 처리, 표면 가공 상태, 표면 처리 등을 규정하고, 그것에 기초하여 제작 할 수 있는 도면을 작성하는 것이다. 설계 과정은 개별제품 기획에 근거하여 차량 전체의 기본계획으로부터 시작되고, 스타일링, 개개의 자동차 구성 요소들의 기본 계획, 선행 설계, 시작 설계, 양산 설계에서는 생산 개시 후에 일어나는 문제들을 보완하는 설계변경, 부품의 보급, 사후 서비스 등을 포함하고 있다. 자동차 시스템은 구성 부품 수가 많다는 것, 기계에 숙달되어 있지 않은 다양한 사람들에 의해 조작된다는 것, 사용 조건이 다양하다는 것, 사용에 있어 법적 규제를 받는다는 것, 환경에 적응하여 장기간 사용의 내구성이 요구된다는 것, 외관을 포함하여 사용자의 감성적 호기심을 갖는다는 것, 다량 판매를 목적으로 하는 양산 제품이라는 것, 대량 수출되고 있는 국제적으로 글로벌한 상품이라는 것, 관련 기업이 많다는 것 등의 특이성을 갖고 있다. 따라서 신뢰성, 안전성, 조작성, 경제성, 생산성, 사후 관리의 서비스, 시장 적응성 등 고객이 요구하는 수많은 사항들을 설계하는 과정에서 고려해야 한다. 자동차 한 대에는 대략 2만 개에서 2만 5천 개의 부품으로 구성되어 있다. 그 부품 하나로 계산된 한 개의 부품도 세부적으로 그 구성 요소에 따라 수 개의 작은 부품으로 구성되기 때문에 부품 숫자를 정확하게 규정하기는 어렵다. 예를 들어 한 부품으로 계산된 속도 미터만 해도 또 다시 수많은 작은 부품으로 구성되어 있다. 자동차를 구성하는 한 개의 부품은 개개의 기능을 갖고 있다. 설계의 역할은 개발 기획 내용에 맞추어 많은 부품 하나하나의 제 기능을 갖는 모습을 제작 도면으로 부품 설계 도면에 표현하고, 최종 목적을 달성할 수 있게 하나의 상품으로 완성시키는 것이다. 전문 기술 범위가 넓은 자동차 공업은 각 부문의 기술 수준이 높은 수많은 전문 부품 제조업체의 유기적 협의에 의해 이뤄지고 있다. 각 전문 제조업체에서 생산되는 부품이나 장치에 대해서는 이들 제조업체의 설계 개발진이 그 설계 업무를 분담하면서, 자동차 제조업체의 설계팀과의 공동 협조로 작업이 이뤄진다. 자동차에 새로운 첨단기술을 적용하여 상품화 할 경우, 상품화를 위한 설계에 선행된 연구 개발이 우선적으로 이루어진다. 부품을 공급하는 전문 제조업체가 연구 개발하여 발전시켜 온 새로운 기술은 자동차 제조사와 협의 하에 자동차의 전체적 성능 평가에 검토되어 적극적으로 새로운 상품 개발에 반영해 나간다.

(2) 품질 목표 달성을 위한 설계 과정

자동차 제조상의 각 시스템 설계 부서는 기획 및 레이아웃을 기초로 하여 시스템 설계 계획을 개개의 부품에까지 전개한다. 시스템이나 부품에는 각각 요구되는 기능이 있고, 기획된 것을 실현하기 위한 목표와 그것에 어울리는 품질이 있다. 품질에 관한 항목에는 여러 가지가 있으나 어느 범위와 어느 정도의 구체적이고 또 정량으로 목표를 설정하느냐 하는 것은 많은 경험과 깊은 해석이 필요하며 중요한 설계 기술의 하나가 된다. 이들 품질 목표를 향해서 상반되는 제한 요건들을 해결하면서 품질 목표를 달성함과 동시에 가격, 무게, 일정 등의 제한에 부합되는 노력이 요구된다.

예를 들어 조향 시스템에 구성되어 있는 방향등 스위치 하나만을 놓고 보더라도 설정된 목표 품질의 항목에는

① **외관**(모양, 색상, 표면처리, 조화 등)

② **조작성**(배치, 조작방법, 손잡이 모양, 조작력 등)

③ **시인성**(표시, 조명, 장해물 등)

④ **내환경성**(내열성, 내한성, 내수성, 내습성, 내식성 등)

⑤ **내구성**(작동내구, 냉열 사이클, 내진 등)

⑥ **소음성능**

등이 있는데 각각에 대해서 상세하고도 구체적으로 품질 목표가 규정되어 있고, 이러한 요구 품질에 합당한가를 검정하는 과정이 필요하다.

(3) 시작차의 제작

시작차 제작의 목적은 기획, 설계의 목표 설정에 실질적으로 필요한 정보 수집과 목표에 대하여 적합성을 평가하는 것이다. 완성된 설계 도면을 기초로 하여 하나하나 시작품으로 만들어진 부품을 조립하고 목표대로 상품이 되었는지를 판정하며, 빠져 있거나 결함이 있는 부분을 검출하여 설계 수정을 하는 자료를 수집하기 위해 시작차를 제작한다. 특히 실질적이고, 감각적인 평가에서는 실물이 필수적이며 내구성과 강도의 평가 등도 탁상이론적인 평가에서는 한계가 있어 목표 품질의 달성도는 시작차로 평가하게 된다. 시작 부품의 제작 방법에는 손작업을 진행으로 임시형의 모델 시작, 선행 시작, 본 시작인 양산형으로 시작되고, 시작품의 검토, 평가는 그 자체를 사용하는 방법이 있으나, 제조 공법에 따라 차이가 생기는 성능에 주의를 기울일 필요가 있다. 따라서 평가목적에 따라 제조 공법의 지정도 중요하다. 시작 품질의 향상을 위하여 도면의 품질 향상은 물론, 시작 도중에 이뤄지는 조기평가의 결과를 반영하여 제작의 개량이 이뤄지는 것도 결국은 개발 기간을 단축하는 계기가 된다.

5) 개발 과정에서의 시험 단계

자동차는 설계도를 기본으로 하여 만들지만 뜻대로 만들어지지 않는다면 그 설계도는 완성된 것이라고 할 수 없다. 개발단계에서의 연구시험, 프리프로트 타입 시험, 시작차 시험은 설계도를 완성시키기 위해서 이루어진다.

(1) 연구개발 시험

몇 년 형의 무슨 자동차라는 특정의 목표를 두지 않더라도 부품자체나 부품 결합에 의한 시스템 등에 대해 기술혁신이나 시대 변화에 의한 시행착오의 과정 등의 양산차의 기획에 있어 성과를 측정하는 시험이라 할 수 있다.

(2) 프리프로트 타입 시험

기획이 끝나고 설계가 시작되는 것에 맞추어 프리프로트 타입 시험이 시작된다. 수 년 뒤 세상에 태어날 자동차의 설계도의 개발설계 단계에서 되도록 높은 완성도를 부여하는 것을 목적으로 하고 있으므로 이 시험의 성과는 모두 개발설계도에 연관이 있다. 실제로 기관, 구동계, 브레이크, 스티어링, 현가장치, 보디 형상과 기구의 일부 등 새로운 설계품 하나하나를 이미 세상에 등장한 차에 조립시켜 시험을 하는데, 여기서 만든 차가 성공하느냐 못하느냐는 개발설계도가 몇 년 앞을 내다보고 어느 정도의 높은 완성도에 이르는가에 달려있다. 이것을 좌우하는 것이 프리프로트 타입 시험이다.

(3) 시작차 시험

제작된 설계도를 바탕으로 만들어진 신형 차는 세상에 등장하기까지 많은 시험을 거쳐 보강이 이뤄진다. 이 시험 단계를 거치면서 설계자의 의도가 최종적으로 설계도에 완전히 축척되게 된다.

시작차는 보통 100여대 이상이 준비되어 1000여 항목을 넘을 정도의 시험이 이루어진다. 전 주행거리는 수백만 km에 이른다. 이들의 중심이 되는 것은 동력성능 내구강도를 기본으로 각국에서 정해진 법규에 대한 적합성, 시대가 요구하는 연비, 연비를 향상시키기 위한 경량화 구조에 대한 강도시험 및 공기역학 시험, 인간성을 추구하는 오조작 방지, 시계의 확보, 주행성능 확보, 도난방지, 인간공학시험 등이 있다. 또 자동차는 각 나라에 따른 기상상태, 지리적 조건하에서 주행되기 때문에 극한, 혹서 또는 수천 m의 고지 등을 찾아 세계 곳곳에서 주행시험을 하고 경우에 따라서는 이러한 조건을 만들어내는 시험실 내에서 시뮬레이션 주행시험도 한다. 기온을 예로 들면, -40~+50℃가 일반적인 시험실 조건이 되고 있다. 대표적인 시작차 시험의 평가 사항들은 동력성능, 냉각성능, 공력 특성, 연비성능, 인간공학적 특성, 공조

성능, 소음특성, 진동 승차감 성능, 브레이크 제동성능, 조정성, 안전 성능, 내기후성, 녹방지, 강동 및 내구성, 방습 · 방수 특성 등 평가가 이루어진다.

6) 양산을 위한 생산 준비 단계

(1) 생산설비의 준비

생산 부문에서는 기획 내용을 토대로 양산화 실시계획을 세운다. 대량생산을 하기 위해 자동차는 생산을 위한 양산 설비가 필요하며, 주된 대상이 되는 대형 설비로는 주조, 단조, 프레스, 수지 성형, 기계가공, 도장, 조립, 운송, 검사 등이 있다. 자동차 제조사는 모든 부품을 자체 제작 할 수 없으므로 이들 공정을 각 부품마다 어디에서 할 것인지를 나누고, 공장 건설이 필요한지 또는 치 공구의 개조 정도로 끝날 것인지, 그 설비가 개발 차형의 전용인지, 다른 차형에도 사용할 수 있는 범용인지, 그래서 투자액이나 리드타임은 어느 정도 필요할 것인지를 검토한다. 또 설비뿐만 아니라 제품을 목표 가격이 되도록 생산성의 검토와 더불어 목표 품질을 확보하기 위한 관리체제 등도 검토된다. 생산 시작 시기까지는 필요한 설비투자를 하여 목표의 수량과 품질을 확보할 수 있는 생산시스템을 정비하지 않으면 안 된다.

(2) 생산시작과 평가

생산시작 과정은 새롭게 설치된 생산설비의 가동상태 체크와 생산설비에 의해 만들어진 차의 품질이나 성능의 점검을 하는 것이 평가 과정의 목적이다. 이 과정은 개발부문 단계에서도 병행한다. 생산시작 시에는 중간 정도의 모델 변경으로 보통 2회 정도 실시한다. 제1차는 주로 양산형에 의한 초기품의 장착 확인이 주된 사항이며, 제2차에서는 제1차의 불합격 부분의 개량 확인과 종합품질 판정을 한다. 최종적으로 세부적인 수정을 하여 선행 생산에서의 최종 품질을 확인한 후 생산이 시작되며, 마침내 시장으로 출시하게 된다.

MEMO

CHAPTER

07

자동차의 역사와 기술의 변천

1. 현재의 내연기관 자동차 탄생기 이전의 자동차 역사
2. 시대별 자동차 변천의 현상
3. 개성 있는 고유의 스타일로 선호도가 높은 자동차

1. 현재의 내연기관 자동차 탄생기 이전의 자동차 역사

인류가 인력 대신에 소나 말을 이용하여 원형의 수레바퀴를 구동시키는 발상은 이미 BC 3000여 년 경 메소포타미아(Mesopotamia)지방의 우르 인이나 슈메르 인들이 사용했다는 설이 있다.

[자료 : 영국대영박물관]

[그림 7 - 1] 기원전 2600년 전의 우르의 왕릉에서 발견된 보물 상자에 그려진 수레 그림

이러한 이동 수단의 발달은 BC 500년경부터 그리스의 과학자 피타고라스(BC582?~BC497? Pythagoras)나 아르키메데스(BC 287?~BC 212 Archimedes)가 연구한 역학이나 기술의 발전에 따라 마차(Carriage)라는 것으로 사람이나 물건을 이동하는 차량의 완성 형태에 이르게 된다.

[자료 : 영국대영박물관]

[그림 7 - 2] 기원전 500여 년 전의 아케메니아 페르시아 시대의 2륜 전차 모형

1480년경 이탈리아 르네상스 시대의 대표적인 예술가이며 과학기술자이자 철학자인 레오나르도 다빈치(1452~1519 Leonardo da Vinci)는 인류의 생활을 풍족하게 하는 다양한 기계를 고안하였는데 그 중에는 오늘날의 하늘을 나는 비행체와 도로를 달리는 자동차의 모습과 닮은 기계장치들을 많이 상상하고 디자인하였다.

[한국. 삼성 자동차 박물관 소장 자료]

[그림 7 - 3] **레오나르도 다빈치가 고안한 태엽 자동차 모형**

그때까지도 아직 원동기를 사용하는 자동차는 없었지만 그 후에 오늘날 우리가 일상적으로 사용하고 있는 내연기관 자동차가 대량으로 생산되기 시작하고, 대량 판매가 이뤄지기까지는 오랜 기간의 역사가 있었다. 우선 1765년 영국의 제임스 와트(1736~1819 James Watt)의 증기 원동기의 개발이 이뤄지면서 1769년 프랑스의 니콜라스 조셉 퀴뇨(1725 - 1804 Cugnot, Nicolas Joseph)가 마차에 소형 증기 원동기를 탑재하여 말 대신에 원동기를 사용하는 마차를 만들게 되고 그로부터 증기원동기 자동차의 시대가 100여 년간 계속되게 된다.

[그림 7 - 4] **퀴뇨의 증기자동차 : 퀴뇨 캐리지(Cugnot Carriage, 1769)**

[그림 7 - 5] **트레비딕 증기자동차(Trevithick,1803)**

그 후 1876년 독일의 니콜라스 오토(1832~1891 Nikolaus August Otto)가 가솔린 엔진을 발명하고, 1883년 고트립 다임러(1834~1900 Gottlieb Daimler)가 고압축 점화식 4행정 가솔린기관으로 오토식 내연기관을 완성함으로써 증기원동기를 대체하는 내연기관 엔진의 시대를 맞이하게 된다. 1886년 칼 벤츠(1844~1929 Karl Friedrich Benz)에 의해 단기통으로 0.9마력의 출력을 내는 내연기관을 탑재한 3륜 자동차가 발명되고 이어서 다임러 - 벤츠 자동차 회사에서 4륜 자동차를 발표하면서 오늘날 사용되고 있는 자동차 역사의 원년을 맞이하게 된다. 이로부터 지금까지 내연기관 자동차는 130여 년의 역사를 거치면서 주변의 새로운 과학기술과 접목하며 인간에게 가장 유용한 운송 기계 시스템으로 진화되고 있다.

[그림 7 - 6] **칼 벤츠가 특허를 낸 최초의 내연기관 자동차(독일,1886)**

2. 시대별 자동차 변천의 현상

인간의 문명 생활 발전 속에서 자동차는 탄생되면서부터 지속적으로 인간 사회의 변천과 더불어 형상이 변화하고 기능이 진화되어 왔다. 오늘날 인간에게 문명의 편리성을 제공하고 있는 많은 과학기술의 산물 중에 가장 오랫동안 인간 생활에 필수적으로 이용되고 있는 것이 자동차라 할 수 있다. 자동차는 역사적으로 인간과 더불어 기술적인 발전, 외형적 형상의 변천, 기능적 요소의 발전, 주변장치의 변화 등 여러 가지의 현상이 시대별 인간 사회 변화와 더불어 진화하고 있다. 이 장에서는 자동차의 탄생기로부터 대략 10여년의 주기별로 그 특이적인 기술과 형상의 변천을 다각적으로 고찰한다.

1) 마차 시대에서 말없는 마차인 내연기관 자동차 시대로의 변화(1886~1914)

(1) 내연기관 자동차의 탄생과 정착

1765년 열에너지를 이용하여 동력을 얻는 열기관 중의 하나인 증기기관이 발명된다. 이를 마차 원형에 이용하여 말없는 마차를 만들려는 노력으로 증기 자동차 개발 시대를 100여 년 간 지속하면서 최적의 증기자동차의 발전이 이뤄진다. 이 시기를 거치면서 주행에 필요한 자동차 섀시의 기본 구성이 크게 발전하게 된다. 그러나 점차 증기자동차를 사용하는 수요자로부터 자동차의 발전된 주행 기능과 높은 주행성능이 요구되면서, 증기자동차의 불편함을 대체하고자 하는 노력이 내연기관 자동차의 개발에 촉진제가 된다. 자동차에 사용되던 증기원동기를 대체하고자 수많은 원동기 개발의 시도가 있었으나, 내연기관만큼 자동차의 원동기에 어울리는 기술을 찾을 수가 없었다. 내연기관 자동차의 역사는 1876년 독일의 니콜라스 오토(1832~1891, Nikolaus August Otto)가 가솔린 엔진을 발명하면서 시작된다. 이후 1883년 고트립 다임러(1834~1900, Gottlieb Daimler)가 고압축 점화식 4행정 가솔린기관으로 오토식 내연기관을 완성함으로써 자동차에 응용이 시작되고, 1886년 1월 29일, 칼벤츠가 고안한 가솔린 엔진 탑재의 3륜 자동차가 독일 베를린에 있는 독일 특허청으로부터 특허 제37435호를 발급받으면서 내연기관 자동차 원년의 시대를 맞이하게 된다. 이어서 독일의 고틀리프 다임러(Gottlieb Daimler)가 4륜 가솔린 자동차를 개발한다. 1887년 칼 벤츠가 약 1마력의 3륜 가솔린 자동차를 최초로 발매하여 상품화하고, 1888년 가족과 함께 약 100km의 장거리 여행을 왕복하여 그 신뢰성을 입증하게 된다. 같은 해에 영국의 존 보이드 던럽(John Boyd Dunlop)이 공기가 들어가는 고무 타이어를 고안하여 특허를 얻고, 1889년 프랑스의 에드워드 사라쟁의 미망인인 루이스 사라쟁 부인이 최초로 자동차를 양산하는 파나르 르바소(Panhard Levassor) 자동차 회사를 창립한다. 당시 유럽을 중심으로 한 마차 기술의 전성시대에는 여러 형상의 마차 보디의 발전이 이루어지고, 따라서 마차의 외형 타입을 개량하는 사업이 성행하게 된다. 새로 탄생한 운송 시스템인 자동차는 말 대신에 내연기관이라는 동력원을 갖고 외형은 종래의 발전되어온 마차 형태를 그대로 유지하게 된다. 즉 마차 시대로부터 말없는 마차 자동차 시대로 변환되기 시작한 것이다. 독일에서 탄생한 가솔린 자동차는 다임러가 1889년 파리 만국 박람회에 V형 2기통의 565cc 엔진을 탑재한 4륜 자동차를 출품하는 등 많은 사람들 앞에서 발표 되었으나 당시로서는 그렇게 큰 주목을 받지는 못한다. 그러면서도 내연기관 자동차의 발전은 지속적으로 진전되어 간다.

기존의 마차와 자동차가 혼재되던 1800년대 말부터 1990년대 초까지의 유럽에서 자동차 구입의 주요 고객은 고급 마차를 타던 고객들이었다. 따라서 그들은 새로운 기술 제품의 소유자라는 자부심으로 고급 마차의 경우와 같이 운전자를 고용하고, 그들로 하여금 자동차의 유지와 운전을 담당하게 하면서 부를 과시하는 정도였다. 그러므로 당시의 자동차는 기계적 정비 관리가 어렵고 구입 자금뿐만 아니라 전문 기술자를 고용해야 하는 경제적 부담을 갖고 있었다. 한편 미국에서는 넓은 국토에서 지역 간의 긴밀한 네트워크를 형성할 공공의 교통기관이 절실히 요구되면서 새로운 교통수단을 적극적으로 찾고 있던 시기였기 때문에 새로운 형태의 자동차는 실용적인 운송수단으로서 빠르게 주목받게 된다. 이러한 상황에서 미국에서의 초기의 자동차 구입 계층으로 전문직업인 의사들이 거론된 것은 시기와 지역적으로 상징적이었다 할 수 있다. 그들은 왕진의 발로써 마차보다는 경량의 쿠페 스타일인 자동차를 선호하였다. 따라서 "닥터의 쿠페"라고 불릴 정도로 의사의 자동차 보유도는 높아갔다. 이러한 시장 상황에 맞춰 1893년 미국의 헨리포드(Henry Ford)는 시작차를 완성하고, 1903년에 포드 자동차회사를 설립하여 A형 포드를 양산하여 1908년에는 T형 포드를 양산시켰다. 1908년 미국의 윌리엄 듀런트(William Crapo Durant)는 제너럴 모터스 사를 설립한다. 미국의 클리브랜드 디트로이트에서는 세계 최초의 신호등이 등장한다.

[그림 7 - 7] 클리브랜드, 디트로이트에서의 최초의 신호등

자동차 개발 초기인 1894년 프랑스 루앙에서는 세계 최초의 자동차 경주 대회가 개최된다. 여기서는 가솔린엔진 자동차와 증기자동차 등 여러 동력원을 갖는 자동차가 동일 조건으로 성능을 경합하는 자동차 경기장이 열려 최초로 모터 스포츠의 시발점이 된다. 당시 자동차의 동력원은 20여 종류에 달했으며 대부분이 가솔린 엔진 자동차와 증기 원동기 자동차였고 그 중에서도 가솔린 자동차가 가장 높은 완주율을 보였다. 당시 내연기관 자동차에 이용된 엔진은 전기점화 기관인 가솔린 엔진이었다. 또 다른 연소 방식인 압축 점화 방식으로 1895년 독일의 르돌프 디젤(1858~1913, Diesel, Rudolf)이 발명한 압축 점화식 엔진인 디젤 엔진이 특허를 얻고 1897년 독일 MAN사에 의해 완성된다. 이 엔진은 최초로 1922년 독일의 칼벤츠에 의해 상용 트럭으로 사용되고, 1936년에는 승용차에 적용되면서 크게 발전한다. 1895년에는 자동차의 기계적 신뢰성을 경합하는 대회에서 순수하게 속도 경쟁 위주의 자동차 레이스가 열려 De Dion Bouton이 실질적으로 1위에 올랐으나 규정 위반으로 2위로 강등된다.

[그림 7-8] De Dion Bouton, 1895

초기의 자동차들은 당시에 유행하던 마차의 보디 스타일을 그대로 유지하며 발전하게 된다.

1899년 DMC(Duryea Manufacturing Company)의 Duryea 모델 Trap Style로 3기통, 6.1마력, 3,523cc 배기량

1896년 포드(FORD)의 최초 시험차 모델 Quadricycle
Runabout Style로 2기통, 4.1마력, 967cc 배기량

1897년 팬하드 레바소(PANHARD LE-VASSOR)의 모델 N/A
두 좌석의 Enclosed Cab Style로 2기통, 4.1마력, 1,206cc

1901년 올즈모빌(OLDSMOBILE)의 모델 R.등을 맞대고 있는 좌석의 Runabout Style로 단기통, 4.1마력, 1,563cc

1902년 피어스(PIERCE)의 모델 모토레트(Motorette)
모토레트(Motorette) Style로 단기통, 2.8마력, 333cc

1903년 오토카(AUTOCAR)의 A 모델
덮개가 있는 Runabout Style로 2기통, 10.1마력, 1,449cc 배기량

1903년 캐딜락

1904년 화이트(WHITE)의 모델 D
뒷좌석 덮개가 있는 4좌석의 투어링 스타일(Touring Style)로 2기통, 10.1마력, 1,534cc 배기량

1907년 포드(FORD)의 모델 K.
투어링 스타일(Touring Style)로 6기통
40.6마력 6,643cc 배기량

1908년 컬럼버스(COLUMBUS)의 모델
Auto - Buggy
Runabout Style로 2기통, 20.3마력,
1,639cc 배기량

1909년 오토 버그(AUTO - BUG)의
덮개가 있는 투어링 스타일(Touring
Style)로
2기통, 24.3마력, 1,639cc 배기량

1909년 포드 최초의 양산 모델 T
투어링 스타일(Touring Style)로
4기통, 20.3마력, 2,896cc 배기량

1911년 후프모빌(HUPMOBILE)의 모
델 D
투어링 스타일(Touring Style)로 4기통,
20.3마력, 1,835cc 배기량

[그림 7 - 9] **초기의 자동차들**

새로운 교통수단인 자동차의 출현으로 도시의 교통 체계는 매우 혼잡한 양상을 보이면서 많은 인명 사고를 내게 된다. 따라서 영국에서는 1865년에 공공 도로에서는 적색기를 흔들고 경적을 울려야만 보행자를 앞질러 갈 수 있다는 최초의 교통관리법인, 적기조례(Red Flag Act)라 불리는 자동차 통행법이 생겨나게 된다. 이로 인해 영국에서는 1896년에 이 법이 폐지 될 때까지 유럽 대륙에 비해 자동차 발달이 늦게 진행되는 결과를 가져 오게 된다. 새로운 동력원을 모색하는 연구도 진행되어 1899년에 독일의 페르디난트 포르쉐(1875~1951 Ferdinand Porsche)가 최초의 하이브리드 전기 자동차를 개발하기도 하였다. 미국에서는 1901년 랜섬 엘리 올즈(1964~1950 Ransom Eli Olds)가 미국 최초의 양산 자동차회사인 올즈모빌(Oldsmobile)을 설립하고 최초 양산차인 커브드 대시(Curved Dash)를 생산하면서 자동차의 양산이 시작된다.

(2) 대표적인 새로운 외형 보디 스타일의 정착

이 초창기의 자동차의 외형 보디 스타일은 그 당시 가장 발달된 마차의 원형을 기본으로 하여 이루어졌으며 몇 가지 형태로 고유성을 갖는 모델을 형성하게 된다. 주로 쓰이는 고급차에서 개방형(Open)이 대부분이었으며 아직 밀폐된 공간을 갖춘 상자형의 보디가 보편화되지는 않았다. 이때에 형성된 보디 형태에 따라 고유의 자동차 모델 명칭이 만들어졌으며 이는 오늘날까지 일컬어지고 있다.

대표적으로는 랜도오레(Landaulette), 페이튼(Phaeton), 쿠페(Coupe), 브레이크(Brake), 스테이션 왜건(Station Wagon), 캐브리오레(Cabriolet) 등이 있다.

① **랜도오레**(Landaulette)

마차 시대에서 가장 격식있는 바디 형식의 하나로 자동차 시대에서도 고급스러운 바디 스타일로 지속되었다.

② **페이튼**(Phaeton)

영국에서는 아라, 미국에서는 시링 카라고 부르던 형식으로 당시 프랑스에서는 토노우(Tonneau)라 불렀다.

③ **쿠페**(Coupe)

쿠페라는 이름은 마차 시대의 전통적인 스타일로 영어의 Cut를 의미하는 프랑스어가 어원이다. 쿠페 스타일은 자동차의 계명기로부터 현재에 이르기까지 가장 대중적인 자동차 중 하나이다.

④ **브레이크**(Brake)

마차 시대로부터 지속되고 있는 스타일로 유럽에서는 브레이크라는 명칭 외에 슈팅 브레이크(Shooting Brake), 웨고넷(Wagonett)으로 불려지며 정식으로는 에스테트 카(Estate Car)이다.

⑤ **스테이션 왜건**(Station Wagon), **에스테트 웨건**(Estate Wagon)

브레이크라는 명칭에 대해서 미국에서는 스테이션 왜건(Station Wagon) 혹은 에스테트 왜건(Estate Wagon)라 불렀다. 1920년 무렵에는 매우 보편화되었다.

⑥ **캐브리오레**(Cabriolet)

쿠페로부터 파생된 것으로 오픈형 쿠페 스타일이다.

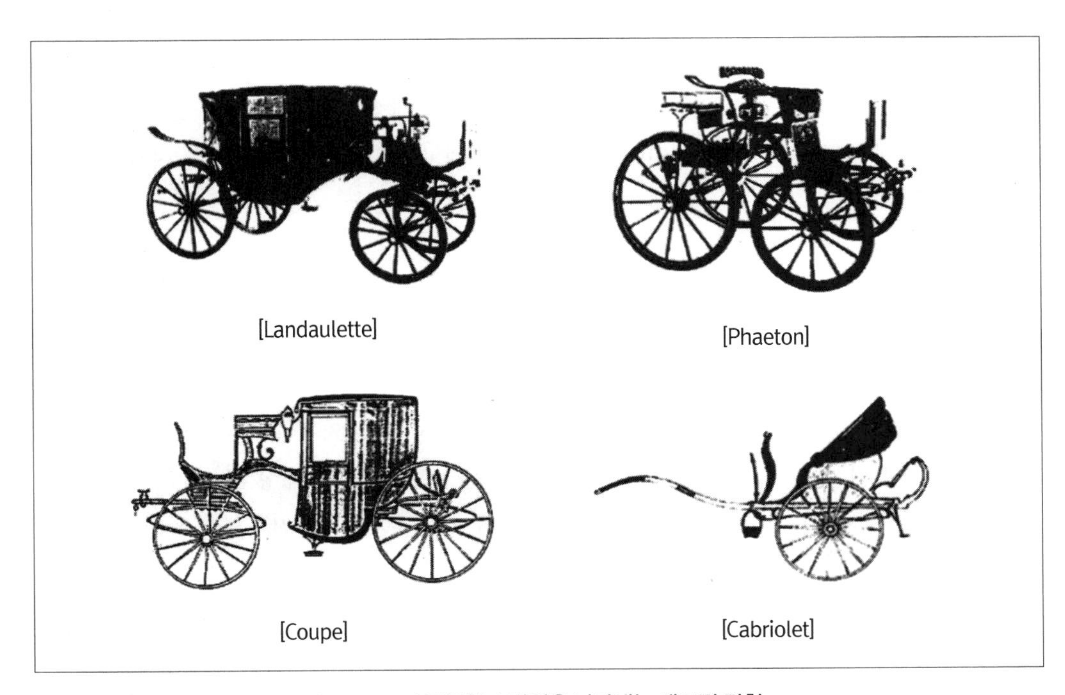

[그림 7-10] 자동차 스타일을 나타내는 대표적 명칭

(3) 자동차 탄생 초기의 주요 기술의 변화

초기 자동차의 발명과 개발은 유럽에서 시작되었으나 대중 교통수단으로의 산업적 발전이 급진적으로 이뤄지게 된 것은 미국에서이다. 각국의 자동차의 메이커들은 고급차와 대중차를 구분지어 개발해 나간다.

자동차의 보디(Body)형식은 초기부터 고급차와 대중적인 차로 구분되기 시작하였고 고급차에서는 고급형 마차에서 사용하던 스타일로 주로 오픈(Open)형이 주류를 이루었다. 객실이 상자형인 도시형 차가 출현한다. 전기 기술이 발전하던 미국에서는 대중차로 전기 자동차가 출현하기도 한다.

보디의 주요 부문인 창문(Window)과 출입문(Door)의 형식으로써 고급차의 도시형 자동차에서는 객실 앞에 앞 유리창이 만들어지면서 점차 고용 운전수를 위한 앞 유리창이 장착된다. 이 앞 유리창은 대중차에서도 마찬가지로 장착된다. 2열로 된 좌석 배치로 차체의 후부에 설치된 문을 사용하여 출입이 가능케 하였고 이 시기 말기에 앞문의 장착도 이뤄졌다.

자동차의 실내 거주성에서는 좌석을 벤치(Bench)형의 의자로 2열, 3열로 설치하였고 후부의 객실을 접는 의자로 설치하기도 하였다. 상자형의 객실에는 히팅(Heating) 시스템을 설치하고 앞창의 개방과 사이드의 커튼을 통하여 환기가 되도록 하였다. 실내는 가죽과 실로 짠 모포로 의자 등을 만들었고, 특히 대중차는 가죽으로 간단하면서도 튼튼하게 디자인하였다. 자동차의 조정이나 운전 방식으로 계기들이 먼저 고급차에 장착되기 시작하였고 대중차에서는 선택 사양이거나 장식적으로 사용되기도 하였다. 운전 핸들(Handle)형식이 만들어지고 형상은 경사형 원주(Column)와 H형의 기어 타입이 채용되기 시작한다.

2) 자동차의 주행 성능과 더불어 외양과 장치에 치중하는 개발 시대(1915~1930)

(1) 대중차와 고급차의 구분과 외양과 각종 장치의 발전

이 시대의 자동차 양상의 큰 특징은 고급차와 대중차가 확실하게 구별된다는 점이다. 대중차로 대표되는 포드 모델 T도 스타일이 서서히 매력적으로 변하면서도 실용성을 최우선으로 내세웠다. 이와 대조적으로 고급차는 파격적으로 화려해지면서 특히 1920년대에 들면서 상류 계급층에게 불가분의 액세서리가 되었다. 고급차와 대중차의 엔진 크기와 보디 형식에도 큰 차이가 있었다. 포드는 모델 T를 1914년부터 1915년 8월까지 1년에 30만 대를 생산하며 누계 100만 대를 돌파하였고, 이어서 1921년에는 500만 대를 돌파하면서 전미 보유대수의 55% 이상을 차지하게 된다. 이는 지속적으로 증가하여 1924년에는 누계생산 대수가 1,000만 대를 돌파하고, 1927년 5월에 포드모델 T형 자동차의 생산이 종료되면서 1,500

만 7,000여 대의 생산 누계를 기록하였다. 1916년 최초의 스틸 바디의 양산차는 미국의 닷지(Dodge)자동차에 의해 생산되었다. 1922년에는 영국의 오스틴이 소형 세단을 출현시켜 지금까지 자동차를 갖지 못했던 사람들을 위한 자동차 문화의 대중화를 이끌었다. 1924년에 독일의 다임러사가 세계 최초로 자동차 전용의 디젤 엔진을 시작하고 암스테르담 쇼에서 디젤 엔진을 탑재한 트럭을 발표하였다. 1923년에 미국에서 자동차의 편리성을 인지한 일본인 토요가와(豊川順彌 1886~1965)는 자국에서 최초로 자동차 회사 백양사(白楊社)를 설립한다. 최초의 오토모호가 제작되어 1924년부터 본격적으로 판매되었다. 1925년 미국의 월터 크라이슬러가 크라이슬러 자동차 회사를 설립하고 1호차인 식스(Chrysler Six) 모델을 출시하였다. 1926년 이탈리아에서는 레이싱카의 메이커인 알피에리 마세라티사(社)가 설립되었다. 1928년에는 독일의 항공기 엔진 및 2륜차를 만들던 BMW(Bayerische Motoren Werke)가 4륜차 생산에 진출하였다. 1930년부터는 일본 자동차 생산이 가속화되기 시작하고 국가 정책적으로 자동차 공업의 확립이 가속화 되었다. 이 시기에 대표적인 고급차로는 미국의 듀센버그(Duesenberg)가 만든 8 - 실린더 Lycoming 엔진으로 배기량은 6,882cc의 Duesenberg, model J(1929~1937)가 있으며 이 차의 최대출력은 265/4,250(hp/rpm)이고, 최고속도는 175~205(km/h)이다. 또한 1930년대 미국의 Cadillac사의 Cadillac V16 Model 452는 16기통의 엔진으로 전임 운전자와 주인의 탑승 공간을 구분하는 대형 고급차의 전형적 모델이다. 대중차는 대표적으로 영국의 오스틴(Austin)사가 1922년부터 생산한 개발한 Austin seven 모델이 있으며 심플(Simple)한 차체와 기본적인 기능을 갖춘 차로 자동차의 대중화에 크게 공헌하였다.

1915년 포드(FORD)의 모델 T
쿠페렛 스타일(Coupelet Style)4기통,
20.3마력, 2,896cc 배기량

1924년 포드(FORD)의 모델 T
쿠페 스타일(Coupe Style)4기통,
20.3마력, 2,896cc 배기량

[그림 7 - 11] **포드 자동차 모델**

(2) 고유적인 외형 바디 스타일 정착

1920년대 말에 미국의 에섹스(ESSEX)가 스틸 패널의 대형 지붕을 완성시킴으로써 스틸을 사용한 상자형 바디가 급증하게 된다. 당시에 형성된 대표적인 외형 보디 스타일로는 기선이나 기차의 화려한 담화실을 의미하는 Saloon 혹은 Berline으로 미국에서는 Sedan이라고 불려졌다. 이것은 17~18세기에 직물 생산지로 알려진 프랑스의 세단(Sedan)에서 유래한다. 동의어로 베를린(Berline)은 17세기의 독일의 베를린에서 만든 대형 마차의 보디형식을 빌린 것이다.

Limousine은 직물산업 단지인 France의 Limousin 지방에서 유래되었으며, 통상적으로 4도어, 6인승으로 뒷좌석을 갖는 바디 형식이다. 또한 Brougham Limousine은 1900년에 영국의 로드 Brougham이 만든 화려한 리무진을 말한다. Tourer는 일반적으로 오픈카(Open car)를 나타내며 4인승 시트와 3도어의 보디 형식을 갖추고 있다. 영어로 어뢰를 의미하는 Torpedo는 Tourer보다 소형의 유선형 보디 형식이다. 이러한 외형 보디 스타일은 오랫동안 자동차 모델 명칭으로 사용되고 있다.

(3) 주요 기술의 변화

당시의 자동차 보디(Body) 형식은 고급차에서는 정식적인 형식을 갖춘 상자형의 보디가 주류를 이루게 되고 오픈(Open)형의 투어링(Touring) 및 스포티한 두 좌석의 형식이 출현한다. 대중적인 차로는 오픈형이 주류를 이루고 미국에서는 상자형의 스틸(Steel) 보디가 도입되었다.

창문(Window)과 출입문(Door)의 형식으로는 크랭크 조작의 사이드 윈도와 환기를 위한 앞창을 부착하였고, 고급차에는 말아 올리는 옆 창과 뒷 창이 들어갔다. 보디의 디자인과 일체화가 되는 큰 문이 붙게 되고, 앞 방향으로 열리는 앞문이 설치되었다. 미국의 대중차에서도 큰 문이 설치되고, 보디의 디자인과 일체화되는 방향으로 나아갔다.

실내 거주성에 있어서는 고급차에는 가동식의 팔걸이와 보조 좌석, 발판이 부착되며 등이 높고 화려한 벤치형 좌석이 설치되고, 유럽의 대중차에서는 독립된 앞 좌석과 같은 변화가 일어난다. 미국 대중차의 좌석은 벤치(Bench)형이 대부분이었다. 앞 창의 개방으로 환기가 되게 하였다. 고급차에서는 열탕과 온풍의 난방 시스템을 사용하였고, 대중차에서는 난방 시스템을 선택 사양으로 하였다. 실내는 오픈형이나 스포티한 형에서는 가죽 장식을 사용하였고, 상자형의 경우는 모포를 사용하고 고급 가구를 모방하여 나무로 장식하였다. 최초로 합성수지인 레이온(Rayon)이 자동차 내장재로 사용되기 시작한 시점도 1928년이다. 유럽의 대중차는 가죽으로 간단하면서도 튼튼하게 디자인하였고, 미국의 대중차에서는 모포를 사용하고 상자형 자동차에서는 고무 매트(Mat)를 도입하였다.

조정이나 운전 방식은 고급차에서는 다양한 계기들이 앞쪽 방화벽 아래쪽에 있는 독립된 계기 패널에 장착되고, 뒷 좌석용의 계기도 도입되었다. 유럽의 대중차에는 둥근 계기가, 미국의 대중차에서는 원통형 형상의 계기가 장착되었다. 고급차의 핸들은 운전자의 요구에 맞춰 복잡한 조정 장치가 갖추어지고 대중차에서는 단순한 조정 장치가 만들어졌다.

3) 운전 용이성과 공기 역학적인 유선형 보디 발전(1931~1945)

(1) 공기의 흐름을 고려한 공기 역학적인 유선형 보디의 유행

이 시대의 자동차 보급 양상의 큰 특징 중 하나는 여성 드라이버의 증가이다. 자동차 기술의 진보에 따라 운전 조작이 쉬워지게 되고 따라서 자동차를 운전하는 여성이 증가하게 된다. 이런 경향에 맞춰 1940년 형의 자동차에 미국의 크라이슬러가 세계 최초로 오토매틱 트랜스미션을 등장시켰다. 또한 자동차에 에어컨 시스템을 도입하여 고급차의 주요 아이템이 되었고 유럽에서는 열탕식 히터를 고급차에 적용시켜 주거성을 향상시켰다. 점차적으로 차속이 빨라지면서 공기역학의 영향을 고려하여 차고의 높이를 낮추면서 유선형의 차체가 설계되었다. 이러한 형태는 스틸 보디 용접 기술의 진보로 공기의 흐름을 고려한 공기역학적인 유선형 자동차의 대량 생산이 이뤄지게 되었다. 자동차의 외형 디자인에서도 유선형적인 요소가 많이 나타나게 된다. 고급차인 1938년형 캐딜락은 사이드 윈도 아웃 라인을 표시하는 DLO(Day Light Opening)의 확장으로 측면 창문의 굴곡과 창의 폭을 확대하여 스타일의 우아함을 나타내었다.

2차 세계대전을 기점으로 전쟁 당사국에서 기계적인 자동차 기술의 발전이 급진적으로 이뤄지게 되면서, 일본은 1930년 초부터 자동차 생산이 진전되고 1933년 국가 정책으로 일본의 자동차공업이 확립된다. 1935년 현재의 도요타 자동차사가 가솔린엔진을 탑재한 승용차와 트럭을 개발하여 시작차를 발표한다. 1934년 프랑스의 시트로앵(Citroen)자동차는 전륜구동차로 트락숑 아방(Traction Avant)이라는 모델 7CV를 발표한다. 이로써 전륜구동의 일반 대중 자동차가 출현하게 된다. 1936년 이탈리아의 피아트가 새로운 대중차로 피아트 500을 발표하고, 1938년에 독일의 히틀러는 포르쉐 박사의 꿈이었던 우수한 대중차의 설계를 채택하여 KdF 바겐이라는 이름으로 시작차를 발표하면서, 독일의 국민차 폭스바겐 비틀(Volkswagen Beetle)을 탄생시킨다. 1939년 제2차 세계대전이 발생하면서는 특히 군용차량의 개발과 항공기 엔진의 발전이 가속화되고, 미국에서는 1941년에 미국 육군의 요청으로 엄격한 규격을 적용시킨 군용차로서 4륜 전륜구동의 우수한 기계의 기능미를 갖는 지프(Jeep) 자동차를 다량으로 생산하기 시작한다.

1932년 캐딜락(CADILLAC)의 355 – B 모델
Sport Phaeton Style로 8기통, 116.6마력,
5,785cc 배기량

1935년 크라이슬러(CHRYSLER)의
Airflow Imperial C2 모델
Four – Door Sedan Style로 8기통,
115.6마력, 5,301cc 배기량

[7 – 12] **유선형 보디의 예**

(2) 대표적인 외형 보디 스타일의 모델 차

이 시대의 대표적인 외형 보디 스타일은 미국의 크라이슬러가 공기 역학을 이용한 디자인의 에어플로(Airflow)를 예로 들 수 있다. 양쪽 휀더 부분의 앞부분이 불룩하게 튀어 나오고 둥근 형태의 라디에이터 그릴과 뒷쪽 휀더가 유선형이며 뒷부분은 새의 날개 꼬리처럼 빠졌으며 앞부분은 우아하면서도 날렵한 형상으로 드러난다. 보디 전체는 스틸로 일체 용접 구조 기술의 진보와 대량 생산의 효율을 앞세운 결과이다. 또한 1935년부터 미국 코드 자동차가 생산한 코드 모델 810은 다기통인 V8 엔진을 장착하고 전륜 구동 방식으로, 공기역학적인 보디와 접이식 전조등을 장착한 유선형 보디의 대표성을 보였다. 체코슬로바키아의 천재적인 자동차 엔지니어인 한스 레드빈카(Hans Ledwinka)가 타트라 자동차 회사에서 만든 타트라 모델 77은 공기역학의 효과를 가장 잘 실천한 대표적인 고급차의 모델이다. 대표적인 대중차 모델로는 이탈리아의 피아트 자동차가 발매한 피아트500 Topolino이라 할 수 있다. 피아트500은 4기통의 567cc와 13마력의 엔진을 탑재하고 소형 자동차의 설계 표준을 갖는 공기역학과 생산기술의 균형을 가장 잘 갖춘 자동차로 평가된다.

(3) 주요 기술의 변화

고급차에서는 정식적인 형식을 갖춘 상자형의 우아한 모양으로 공기역학적이고 뒷부분은 유선형을 갖는 보디(Body)형식이 주류를 이루게 된다. 대중적인 차는 보디 전체가 스틸로 된 상자형으로 바뀌게 된다.

유럽 차는 고급차와 대중차 모두 창문(Window)과 출입문(Door)의 형식으로써 크랭크 조작의 사이드 윈도와 환기를 위한 앞창을 열게 하였고, 미국의 고급차는 V자형의 앞창문을 갖게 되고 유리창 면적이 증대하게 된다. 유럽 차는 문의 기둥(Pillar)이 없는 스타일의 보디가 출현하고 미국 차에는 큰 문을 붙일 수 있는 보디 일체화가 이뤄진다.

실내에는 좌석의 위치를 조절할 수 있는 시스템이 도입된다. 유럽 차에서는 독립된 앞좌석이 호평을 받게 되고 미국 차에서는 정원 증가를 목적으로 하는 벤치형 좌석이 장착된다. 전반적으로 이 시기의 자동차는 보디가 낮아지면서 자동차 실내 바닥에 구동축의 터널(Drive Shaft Tunnel)이 설치된다. 유럽의 고급차의 실내로는 오픈형이나 스포티한 형에서는 가죽 장식을 많이 사용하였고, 상자형의 경우는 모포를 사용하고 가정에서 쓰는 고급 가구의 형상을 많이 모방하였다. 대중차에서는 실내에 모포를 사용하였고 상자형 대중차에 처음으로 새로운 소재인 고무 매트(Mat)를 도입하였다.

유럽 차들은 계기 패널(Instrument Panel)을 보디와 독립적으로 장착하고, 계기는 중앙에 설치하였으며, 변속 레버(Shift Lever)를 바닥 부분에 설치하고 스틸 스포크의 핸들을 사용하여, 조정・운전성을 향상시켰다. 미국 자동차는 계기 판넬을 보디와 일체화되게 설계한 경우가 많았고, 변속 레버를 버팀대에 설치하였으며 3스포크 핸들(3 Spoke Handle)을 많이 채용하였다.

4) 화려한 자동차로의 발전 시대(1946~1959)

(1) 2차 세계대전 후 경제 부흥과 새로운 기류의 화려한 자동차의 등장

오랜 기간의 제2차 세계대전의 전쟁이 끝나고 자동차를 생산하는 세계 각국에서는 기다렸다는듯이 다양한 대중차를 생산하게 된다. 전쟁 피해가 많았던 유럽에서는 많은 사람들의 내핍 생활로 인해 전쟁 전 화려했던 고급 자동차의 외관이 간소화되는 경향을 보였다. 이에 반하여 미국에서는 대중들의 경제력이 대폭적으로 향상되고 대중차의 사이즈가 일시에 고급차와 같아지면서 자동차를 가지려는 국민 기호에 의해 미국 자동차가 세계적으로 인기를 얻게 되었다. 독일은 폭스바겐(Volkswagen)을 본격적으로 대량 생산하기 시작하고 프랑스에서는 르노(Renault)가 1946년 파리 사롱에서 760cc의 소형차 4CV를 발표하고 다음 해부터 판매를 시작하면서 최고의 인기를 얻게 된다. 이어서 시트로엥(Citroen)은 2CV를 출시하였다. 이 시기에 한국도 일본 강점기로부터 벗어나면서 자동차를 정비 수리하는 자동차 공업사들이 탄생함에 따라 자동차 산업의 태동기를 맞이하게 된다. 1946년 정주영(鄭周永 : 1915~2001)에 의해 현대자동차 공업사가 설립되고, 1955년에는 최무성 형제가 설립한 국제차량공업사가 서울에서 열린 산업박람회에서 대통령상을 받게 되는 지프형의 시발 자동차를 탄생시킨다. 1947년 독일의 국민차 폭스바겐 비틀이 미국 시장에 침투하게 되고, 1947년 미국에서는 V8형 엔진이 등장하여 1949년 GM이 캐딜락에 V8 OHV형 엔진을 탑재하면서 출력 성능의 위력을 발휘한다.

1955년 파리 사롱에서 전시된 시트로엥의 DS19는 공기역학적 보디 스타일과 금속 판넬 대신에 기체와 액체를 사용한 소위 하이드로뉴매틱 서스펜션(Hydropneumatic Suspension)을 채용하여 승차감을 기술적으로 월등하게 향상시킨 자동차로 출시되었다. 1949년의 각국의 자동차 생산 대수는 영국이 63만 대, 프랑스가 29만 대, 미국이 625만 대였다. 일본은 3만 대 이하에 불과하였으나, 1950년 한국 동난 이후 일본의 경제가 확대되면서 1955년 도요타 자동차가 크라운모델을 출시하며 일본의 자동차 시장은 경이적으로 신장하게 된다. 1959년 영국은 민족자본자동차회사인 BMC(British Motors Corporation)가 소형차인 오스틴 세븐(Austin 7)을 출시하면서 석유 위기 속에서 세계 자동차 시장에 새로운 미니(MINI)라는 소형차 설계의 전환기를 맞이하게 된다. 1959년에는 세계의 자동차 등록 대수가 1억 대를 돌파하게 된다.

1948년 크라이슬러(CHRYSLER)의
Windsor Town & Country모델
Four – Door Sedan Style로 6기통,
115.6마력, 4,107cc 배기량

1950년 엠지(M.G)의 모델 TD
오픈 형의 Roadster Style로 4기통,
54.8마력, 1,250cc 배기량

1956년 로터스(LOTUS)의 Eleven 모델
르망 스타일(Le Mans Style)로 4기통,
84.2마력, 1,096cc 배기량

1958년 크라이슬러(CHRYSLER)의 300
- D 모델
Two - door Hardtop Style로 8기통,
385.3마력, 6,424cc 배기량

1959년 쉐보레(CHEVROLET)의 Impala
모델
Sport Coupe Style로 8기통, 283.9마
력,5,703cc 배기량

[그림 7 - 13] 화려한 자동차의 등장

(2) 대표적인 외형 보디 스타일과 안전성에 인간공학 적용

이 시기의 공통된 특징은 엔진 공간과 승차 공간, 트렁크 공간으로 구별되는 3박스(3Box) 스타일로 1949년형 포드 모델에 잘 나타나 있다. 제2차 세계대전을 겪으면서 군사용 제품을 생산하는 과정에서 공업제품의 규격이나 표준화된 기준, 인간의 동작, 관리 운영 등에 관한 매뉴얼이 만들어지는 경향이 강조된다. 미국 군에서는 군 입대 시 신병으로부터 수집된 신체 체격의 자료들이 인간공학의 발전의 비약적인 계기가 된다. 자동차 업계에서는 프랑스의 르노가 대량생산 공정에서 인간공학적 적용의 필요성을 인지하고 1954년 생리학 연구소를 설립하였다. 미국 포드는 1956년부터 충돌 시 드라이버의 충격을 줄이는 안전성을 배려한 핸들이나 시트 벨트 등의 내장 아이템을 제시한다. 대표적인 미국의 고급차로는 3박스 스타일의 캐딜락 쿠페(Cadillac Coupe)로 차체의 앞부분을 크롬 도금하여 고급 소재의 모양과 테일 핀(Tail Fin)을 설치하는 보디 디자인으로 화려한 모습을 보인다. 한편 대중차로는 단순한 삶의 방법을 잘 표현한 포드의 3박스(3Box) 타입을 들 수 있다.

(3) 주요 기술의 변화

유럽에서는 고급차의 보디(Body) 형식에서 기둥 없이 포장 지붕을 접어 넣을 수 있는 카브리오레(Cabriolet) 스타일이 나타나고 미국에서는 모장 지붕을 전동식으로 개폐하는 컨버터블(Convertible)이 출현한다. 유럽의 대중차의 보디는 모두 스틸 소재의 상자형으로 바뀌고 미국에서는 스테이션 왜건(Station Wagon)의 형식이 유행한다. 상자형의 보디는 엔진 공간과 승차 공간, 트렁크(Trunk) 공간의 세 블록(Block)을 갖는 3박스(3Box)형의 스타일이 유행한다.

고급차의 창문(Window)과 출입문(Door)의 형식은 모두 동력 조작으로 사이드 윈도와 환기를 위한 앞창을 열 수 있게 하였고, 대중차에서는 곡선형의 앞창문을 갖게 된다. 고급차에서는 문의 핸들이 기능적으로 디자인되고, 고급차와 대중차 모두 사이드 스텝(Side Step)이 없어진다.

유럽 고급차의 실내에서는 앞좌석의 위치와 각도를 조절 할 수 있는 시스템이 도입된다. 대중차에서는 미국 차에서 보여진 벤치형 좌석이 증가한다. 유럽의 고급차에서는 냉방이 선택 사양으로 되고 미국 차에서는 냉난방 시스템이 통합된다. 대중차에서는 보디가 낮아지면서 구동축의 터널(Drive Shaft Tunnel)이 설치된다. 고급차의 실내는 고급 가구를 모방한 나무 무늬 모양의 장식이 채용되고 대중차에는 스틸 내부 패널에 비닐 시트가 내장된다.

조정・운전성의 특징으로는 유럽 차들은 계기 패널(Instrument Panel)에 나무 무늬장식이 들어간 둥근 계기를 사용하고 미국 차에서는 속도 미터에 새로운 디자인이 도입된다. 또한 미국 차에서는 자동변속 시스템이 널리 이용된다. 유럽에서는 안전성의 연구와 응용이 시작되고, 미국에서는 최초로 안전성과 인체 공학을 고려한 제품화가 이뤄진다.

5) 스포츠카(Sports Car)와 스테이션 왜건(Station wagon)의 대중화(1960~1969)

(1) 세계 경제 호조와 새로운 성능의 미국 자동차 발전

1960년대는 세계 경제 상태가 호조를 이루면서 유럽에서는 화려한 외장과 내장을 갖춘 자동차가 고객을 끌게 된다. 유럽의 자동차는 보수적인 취향에 맞춰 고가의 내장재를 사용하면서도 검소한 형태로 표현하였다. 반면에 미국에서는 플라스틱과 같은 새로운 소재와 기술을 구사하여 드라마틱(Dramatic)한 느낌의 내장을 요구하는 고객이 많아지면서 그러한 영향으로 자동차 기술 발전이 크게 이루어진다.

이 영향으로 미국의 자동차 기술이 유럽에 전파되면서 미국의 자동차 사업은 전성기를 맞이하게 된다. 이 시기에 자동차의 엔진 출력이 크게 향상되면서 고출력의 성능을 갖는 자동차들이 출현하게 된다.

1964년 독일의 NSU는 Wakel(Rotary) 엔진을 탑재한 최초의 로타리 엔진 자동차를 발표하여 종래의 피스톤 형 엔진과는 개념이 전혀 다른 회전형의 엔진의 자동차를 시도한다. 1963년 독일의 프랑크푸르트 모터쇼에서 발표된 포르쉐 911모델의 자동차는 스포츠카를 좋아하는 고객들에게 가장 많은 관심을 받았고, 1964년 미국의 포드 자동차가 본격적으로 자동차 경주에 참가하면서 포드GT40과 포드 머스탱 모델을 출시하여 포르쉐 스포츠 자동차에 대항하게 된다. 1960년 일본도 승용차 생산이 16만 대 이상을 기록하면서 급진적인 발전을 이룬다. 한국에서는 1961년 공업표준화법이 제정되고, 자동차 운수사업법, 도로교통법이 공포된다. 또한 1962년 한국 자동차공업협동조합이 창립되고 전국 자동차 등록령이 제정 공포된다. 1969년에는 한국 최초의 경인 고속도로가 서울-인천 간에 개통되는 등 자동차 산업의 사회적 인프라가 구축되기 시작한다. 1967년 현대자동차주식회사가 설립되고, 1968년 현대와 포드 자동차의 기술 제휴로 현대 코티나 차종이 생산된다.

Two – Door Hardtop Style로 8기통,
365.0마력, 6,375cc

[그림 7 - 14] 1965년 폰티악(PONTIAC)의 Tempest Le Mans GTO 모델

(2) 스테이션 왜건(Station wagon) 보디 스타일과 인간공학 및 안전성을 고려하는 기술

이 시대의 대표적인 외형 보디 스타일은 상자형의 세단이 주축을 이룬다. 또한 고급차의 섀시를 이용한 오픈카도 제작되었다. 세단을 기본으로 뒷좌석 공간을 트렁크 공간까지 넓히고 뒤쪽에 문을 달아 짐을 싣고 내리기 용이하게 만든 스테이션 왜건(Station Wagon)이 등장하여 대중에게 부각되었다. 1960년대 처음으로 GM이 인체공학적 요소(Human Factors)부문을 설립하면서, 인체공학(Ergonomics)을 자동차에 응용하는 기술이 급속도로 발전하게 된다. 1963년 미국 캘리포니아주가 처음으로 자동차 배기가스 규제를 실시하고 1966년 미국 의회에서는 '전미 교통 및 자동차 안전법'을 성립시켰다. 이러한 사회적 요구에 따라 자동차의 내장 부품 설계에서 지금까지 마케팅 니즈(Needs)의 시각적인 요소만을 중요시하던 디자인 조건으로부터 배기환경과 안전성도 고려하는 방향으로 변화가 일어난다.

(3) 주요 기술의 변화

고급차의 보디(Body)형식에서는 하드 톱, 컨버터블, 4도어 세단, 2도어 쿠페 스타일이 대중화되고, 유럽에서는 상자형이 주류가 되고, 오픈형 스포츠 모델이 등장한다. 미국에서는 스테이션 왜건(Station Wagon)의 형식이 대중화된다.

창문(Window)과 출입문(Door)의 형식에서는 고급차와 대중차 모두 창문의 기둥 폭이 좁아지고 유리를 사용하는 부분이 증대된다.

실내와 거주성에서는 유럽의 고급차나 미국의 대중차에서 독립된 앞 좌석이 다시 생겨나고, 유럽 차에서는 중앙 콘솔(Center Console)이 이용된다. 유럽의 고급차의 냉방은 아직도 선택 사양이며 미국 차에서는 냉방 시스템이 표준장비로 되면서 자동 온도 조절이 가능하게 된다. 고급차에서도 구동축의 터널(Drive Shaft Tunnel)이 설치된다. 유럽 고급차의 실내는 고급 가구를 모방한 나무 무늬 모양의 장식이 채용되고 대중차에는 스틸 내부 패널에 비닐 시트가 내장된다. 미국의 자동차에서는 시트 소재로 모포 대신에 비닐이 사용된다.

조정과 운전성 기술면에서는 미국의 고급차는 매우 화려한 계기 모양이 사용되고, 대중차에서는 각종 경고등이 채용된다. 또한 자동변속 시스템이 모든 자동차에서 널리 이용된다. 나아가 인체공학적인 요소들이 자동차의 제어장치와 계기들의 기술 발전에 크게 영향을 미치게 된다.

6) 자동차의 경제성, 안전성, 환경성 규제의 강화(1970~1980)

(1) 경제성 있는 대중차로 일본차가 급격하게 진출되고 발전한다.

자동차의 수요가 급진적으로 증가함에 따라 경제성, 안전성, 환경성 등의 많은 사회적 문제가 야기되었다. 1970년 일본 동경에서 광화학 스모그 사건이 발생하고, 1973년에는 제4차 중동 전쟁이 발발하여 OPEC(석유수출국기구)과 OAPEC(아랍석유수출국기구) 국가들이 원유 생산 감축을 발표하면서 중동 전쟁으로 인한 오일 쇼크, 세계 대도시의 교통 전쟁, 안전 문제, 배기가스에 의한 대기환경 등이 사회 문제로 대두되어 자동차에 관한 엄격한 법안이 제정되어 적용되게 된다. 이로 인해 세계 자동차 업계의 생산과 성능 개발에 있어 크게 영향을 미치게 된다. 특히 1970년 12월에 미국 의회에서 머스키 의원이 제안한 일명 머스키 법(Muskie Act)으로 불리는 대기정화법 개정안 2장은 각 자동차 메이커의 자동차 배기 정화에 대한 성능 향상 노력에 박차를 가하게 되는 요인이 된다.

자동차 경제성을 높이는 연료 소비에 대한 규제에 있어서도 미국, 유럽, 일본에서는 1976년 10모드에 의한 연비 공표 제도를 개시하게 된다. 더 나아가 미국에서는 1978년부터 1985년에 걸쳐서 1갤런당 18마일로부터 27.5마일을 달릴 수 있는 경제성 향상의 연료 소비율 목표치를 설정하는 CAFE(Corpoate Average Fuel Economy) 법이 제정된다. 1973년 미국에서는 안전벨트 착용이 의무화되고, 1974년에는 자동차 안전 규제가 발휘되면서 새로운 범퍼 장착이 의무화되고 자동차의 안전성과 연료 소비율에 관한 다양한 규제가 강화하게 된다. 이에 따라 자동차 고객들도 각사의 기술 경쟁을 부추기며 보다 우수한 기능의 자동차 성능 향상을 요구하게 된다. 따라서 전자기술의 접목 등 새로운 자동차 기술이 활발하게 연구되었다. 이 시기에 전자기술을 바탕으로 우수한 성능을 갖는 일본의 자동차가 대중적인 자동차로서 세계 자동차 시장에 급진적으로 진출하게 된다. 한국에서도 새로운 도시 교통시스템으로 1974년 서울 지하철 1호선이 개통된다. 1975년에는 자동차의 대기환경 기술을 전환시키는 자동차용 무연 휘발유가 등장한다. 1978년에는 환경보전법이 공포되고 자동차 안전벨트 장착이 의무화되는 등 각종 규제에 대응하는 자동차 기술 개발의 분위기가 형성되면서 1979년에 사단법인 한국자동차공학회(KSAE)가 창립되어 본격적인 자동차공학의 학문적 토대를 이루게 된다.

(2) 인간공학을 이용한 안전성 시험 자동차 개발과 표준화

자동차의 주행성능을 중시하던 자동차 기술은 다량의 공급과 수요로 보다 인간의 욕구에 충족되는 성능을 요구하게 된다. 정밀한 설계 데이터를 얻기 위하여 인간의 특성을 고려한 더미(Dummy)와 같은 인체공학을 디자인 프로세스에 구사해서 표준 체격의 운전자나 승객을 효율적으로 수용하는 방법 등이 엄밀하게 검토된다.

1970년에는 최초로 세계적으로 안전 실험차(ESV ; Experimental Safety Vehicle)에 의한 안전성 검증이 이루어지게 된다. 충돌 시 내구 특성은 차량 중량에 따라 다르기 때문에 중량별로 안전 실험차를 개발하는 부담은 각국의 주요 회사가 떠맡게 된다.

당시 ESV 차로 4000 파운드 급은 미국의 페어차일드, AMF, GM이 개발하고, 3000파운드 급은 독일의 벤츠, 오펠, VW, ESF(Experimentier Sicherheits Fahrzeug), 2000 및 1500파운드 급은 일본의 도요타, 닛산, 혼다가 개발하여 1972~1973년에 걸쳐서 일반적으로 공개된다. 그 후 범퍼의 위치나 높이 등에 대해 표준화된 안전기준들이 각국에 도입된다.

(3) 주요 기술의 변화

이 시기 자동차의 보디(Body)형식면에서 고급차에서는 차체를 길게 만든 스트레치 리무진(Stretch Limousine)이 도입되고 유행하던 컨버터블 스타일은 감소한다. 유럽이나 일본의 대중차는 2/3박스의 상자형이 주류가 된다. 창문(Window)과 출입문(Door)의 형식은 고급차와 대중차 모두 4라이트의 DLO 창문으로 디자인되고, 문 안쪽의 잠금 장치를 하여 안전성을 높이게 된다. 실내 의자는 미국의 안전규제에 맞춰서 좌석의 머리 받침(Headrest)을 부착한다. 거주성에서는 유럽의 고급차에서 온도의 자동 컨트롤 장치가 선택 사양으로 되고 미국 차에서는 냉방 시스템이 표준장비로 되면서 완전 자동의 온도 조절 시스템을 갖추게 된다. 유럽의 고급차는 구동축의 터널(Drive Shaft Tunnel)이 설치되고 미국의 고급차에는 전륜 구동이 도입되며 평평한 바닥을 갖게 된다. 유럽 고급차의 실내는 고급 가구를 모방한 나무 무늬 모양의 장식이 채용되고 대중차에는 플라스틱 내장과 비닐과 모포에 의한 시트가 편성된다. 안전성면에서는 많은 계기들이 채용되어 운전 조작성을 높이고, 모든 차에서는 미국 시장의 규제와 요구에 따라서 3점식 시트 벨트가 널리 보급되는 등 내장품들의 표준 규정들이 개정된다.

7) 화려하고 대형 고급화 자동차의 정착(1981~1990)

(1) 고급 일본차가 등장하면서 세계 자동차 시장에서 두각을 나타낸다.

미국, 유럽의 자동차 시장에서는 고급차를 선호하는 고객들의 니즈에 맞춰 개성 있는 고전적 자동차 유행이 생겨난다. BMW나 벤츠자동차들로 대표되는 자동차 실내 인테리어에서는 중후한 유럽풍의 내장 디자인이 인기를 얻는다. 1970년대 2차 석유 위기의 어두웠던 사회 상황에서 벗어나 1980년대에 들어서면서 경제 위기를 넘어서게 되면서 세계적 경제 상황이 호황기를 맞게 되고 자동차도 대형화, 고급화로 정착하게 된다. 특히 일본에서는 화려한 산업기술의 발전과 버블 경제의 열기 속에서 자동차도 사회 정세에 따라 급속도로 대형화, 고속화, 화려함으로 진행되어 갔다. 일본의 대표적인 자동차 메이커인 토요타는 1985년 미국에서 생산 공장을 건설하고, 1989년 심혈을 기울여 만든 고급차 브랜드인 렉서스를 미국에 런칭하며 렉서스 ES와 함께 렉서스 LS를 판매하기 시작한다. 렉서스 LS는 토요타 자동차의 전통적인 고급 차종인 크라운을 뛰어넘어 더욱 더 많은 고객층을 타깃으로 만든 차인 셀시오(Toyota Celsior)로 많은 인기를 얻게 된다. 한국에서는 1981년 부마 고속도로가 개통되고 1982년 전면적으로 야간 통행금지가 해제된다. 1985년 한국의 자동차 보유대수가 1백 만 대를 돌파하고, 1988년 한국의 자동차공업협회(KAMA)가 창립된다. 1988년 말에 한국에서의 자동차의 연간 생산 대수가 1백만 대를 돌파하게 되고 한국 자동차 산업의 급진적인 발전이 이뤄진다.

(2) 주요 기술의 변화와 안전성의 에어백 관점

소형 자동차 보디(Body)형식은 고급차에서의 스타일을 본받아 3박스가 주류가 된다. 유럽이나 일본의 대중차는 2/3박스의 상자형이 주류가 되고, 미국 차에서는 컨버터블이 다시 인기를 얻는다.

창문(Window)과 출입문(Door)의 형식은 고급차에서는 모두 4라이트(Light)와 6라이트 DLO 창문이 디자인되고, 문은 3박스 노치백 스타일(3Box Notch Back Style) 4도어(Door)가 주류가 된다. 대중차는 해치백(Hatch Back) 스타일이 추가되어 3/5도어 스타일이 대중화된다.

자동차 실내와 거주성면에서는 고급차 뒷좌석의 조정 가능해지고, 좌석의 머리 받침(Headrest)에 자동 조정 시스템이 도입된다. 대중차의 좌석은 스포티한 스타일로 차츰 변화하기 시작한다. 고급차에서는 온도의 자동 컨트롤 장치가 도입되고 대중차에서는 에어컨이 선택 사양으로 되면서 미국 차에서는 난방과 냉방이 통합되는 시스템이 개발된다. 실내공간은 고급차에서는 구동축의 터널(Drive Shaft Tunnel)과 콘솔(Console) 설치가 일반화되고 대중차는 전륜 구동에 의해 콘솔을 갖춘 평평한 바닥을 갖게 된다. 고급차의 실내는 가죽이 주요 장식 소재가 되고, 대중차에는 플라스틱 내장과 비닐, 인조가죽으로 된 시트가 편성된다. 자동차의 조정, 운전 시스템은 유럽 고급차에서는 아날로그식의 계기가, 미국에서는 디지털식의 계기가 많은 인기를 얻는다. 일본의 고급차에는 아날로그식의 계기가 주를 이룬다. 모든 대중차에서는 아날로그식의 계기들이 사용된다. 안전 대책으로는 에어백 시스템이 대표 아이템으로 각광을 받게 되었다. 안전성에 중점을 두는 에어백(Airbag)이 고급차에서는 표준 장착화되다가 1996년 9월부터 모든 승용차에 장착 의무화되고 1997년에는 트럭 등 상용차에도 장착된다.

8) 고객의 기호에 맞춘 자동차 브랜드 개발의 시대(1991~2000)

(1) 차세대 고객 확보를 위한 브랜드의 개발과 한국 자동차의 약진

자동차는 새로운 고객의 요구와 사회 환경에 대한 적응기술을 취급하기 위해 통상 4~5년 주기로 모델 교체(Change)가 이뤄지고 이에 따라 수년 후의 장래 고객 확보는 중요한 전략의 하나가 된다.

미국에서는 각 세대별 마케팅 연구가 성행되며 고객의 세대별 MAP을 만들어 구분하고 GI 세대(GI Generation, 1930년 이전 출생 : 8%), 불황 · 전쟁 세대(Depression / War Babies, 1930~1945년 : 12%), 베이비 붐 세대(Baby Boomers, 1946~1964년 : 28%), X 세대(Generation X, 1965~1976년 : 16%), Y 세대(Generation Y, 1977~1994년 : 26%), 밀레니엄 세대(Millennials, 1995년 이후 출생자 : 10%)로 구분하여 명칭을 붙였다. 1992년 세계 자동차 생산 대수는 연간 5천만 대를 돌파한다. 1997년 일본의 토요타가 내연기관과 전기모터를 동력원으로 하는 하이브리드 자동차 프리우스를 발표하고, 1998년 독일의 다임러와 미국의 크라이슬러가 합병한다. 한국의 자동차 기술의 분기점이 되는 1991년에는 현대자동차가 자체 기술로 국내 최초의 자동차 엔진과 자동변속기를 개발한다. 1992년에는 한국의 운전면허 인구 수가 1,000만을 돌파한다. 1993년에는 자동차의 유연 휘발유 공급이 중단되고 무연 휘발유만 사용되면서 모든 자동차의 배기 시스템에 배기정화용 촉매시스템이 장착되어 자동차의 배출가스에 의한 대기오염의 규제가 강화된다. 1995년에는 한국에서 제1회 서울 모터쇼가 개최되면서 자동차 시장의 국제화에 전환기를 맞게 된다.

1997년 국내 자동차 보유 대수가 1,000만 대를 넘어서면서 1999년 한국 자동차 수출 누계도 1,000만 대를 돌파한다.

(2) 다목적 자동차 SUV(Sport Utility Vehicle)의 성행

3박스 스타일의 대중차는 고객의 다양한 가치관에 따라 1.5박스 스타일 혹은 모노 폼 스타일로 거주성이 좋은 패키지를 갖는 스타일로 변환되며 인기를 얻는다. 그리고 SUV(Sport Utility Vehicle)가 성행하면서 자동차에 레이저 기술이 응용되어 큰 인기를 얻게 된다. 또한 IT 기술의 급속한 향상에 따라 새로운 기술에 대한 과제가 만들어지고 구조상으로는 모듈화한 NAVI 시스템이나 오디오 시스템 등의 레이아웃이 자동차 설비에 중요하게 된다.

[BMW X5] [Toyota RAV4]

[그림 7-15] SUV

(3) 새로운 소재와 전자기술의 도입으로 인한 기술의 다변화

자동차 보디(Body)형식은 고급차에서는 3박스 상자형 스타일의 보디가 주류가 되고, 2박스의 SUV 스타일이 만들어진다. 대중차의 보디 형식은 2, 3박스의 상자형 스타일이 주류가 되고 컨버터블이 유행한다.

창문(Window)과 출입문(Door)의 형식은 고급차에서는 모두 4라이트(Light)와 6라이트 DLO 창문으로 디자인되고, 문은 4도어(Door)가 주류가 된다. 유럽이나 일본의 대중적인 자동차들은 5도어(Door)가 주류가 되고 미국의 대중차는 4도어 스타일이 대중화된다.

모든 차의 실내에는 어린이 보호석의 설치가 의무화된다. 고급차에서는 뒷좌석의 조정이 주류가 되고, 좌석의 머리받침(Headrest)이 도입된다. 대중차의 좌석은 스포티한 스타일을 취한다. 고급차에서는 온도의 자동 컨트롤 장치가 도입되고 대중차에서는 에어컨이 선택 사양으로 되며 미국이나 일본 자동차에서는 자동 에어컨이 선택사양으로 된다. SUV 고급차는 평평한 바닥을 갖게 된다. 자동차 실내 장식에 두 색 배합의(Two-tone Color) 색조가 채용되고, 고급차의 실내는 가죽이 주요 장식 소재가 되며, 새로운 메탈 신소재들이 가미된다. 대중차에는 플라스틱 내장이 많이 사용된다.

고급차의 운전석에는 아날로그식의 계기가 쓰이고, 오디오 시스템과 NAVI 시스템 등 다양한 디스플레이 모듈이 등장한다. 대중차에도 에어백(Airbag)이 운전자를 위한 핸들과 조수석에 표준 장착화된다.

9) 다양한 스타일의 자동차와 시장의 글로벌화 시대(2000~2010)

(1) 세계 자동차 시장의 글로벌화와 자동차 메이커의 재편성

2000년대에 들어오면서 세계 자동차 산업은 중국, 인도, 러시아 국가들을 포함한 BRICS(브라질, 러시아, 인도, 중국, 남아프리카 공화국)로 불리는 자동차 시장 신흥국들의 급진적인 자동차 수요에 의해 자동차 생산기지의 지각적인 변동이 일어난다.

지금까지 가장 최고의 생산 우위를 다져온 미국의 GM, FORD와 같은 자동차 기업들이 일본의 TOYOTA, HONDA와 같은 후발 기업들로 생산 실적의 최고 자리를 물려주게 되고 세계의 주요 자동차업체들이 글로벌 시장을 겨냥하면서 무한 경쟁시대에 들어서게 된다. 따라서 오랫동안 독자적 브랜드를 갖고 발전되어온 전통적 군소 자동차 기업들 간의 새로운 기업 구조의 재편성이 이뤄지게 된다. 미국의 포드는 1999년에 스웨덴의 볼보를 흡수하여 이미 합병한 오스틴 마틴(Aston Martin)과 링컨을 합하여 프리미어 오토모티브 그룹(PAG)을 발족하고 BMW로부터 랜드로버를 인수하여 글로벌화를 시도하였으나 후에 포드 본사의 경영 부진으로 2007년에 오스틴 마틴은 손을 떼고, 2008년에는 랜드로버와 재규어를 인도의 타타 모터스에 매각한다. 독일의 다임러 벤츠는 1998년 미국의 크라이슬러(Chrysler)와 합병하여 다임러 크라이슬러(Daimler Chrysler)를 설립하여 미국 시장에서 시너지 효과를 도모하고 일본의 미쓰비시(Mitsubishi) 자동차의 지분을 사들이는 등 세계 굴지의 자동차 그룹으로 도약하고자 했으나 2007년 미국 내에서 크라이슬러 그룹으로 불려지던 크라이슬러 사업지분이 매각되고 다임러 AG(Daimler AG)로 회사명을 바꾸게 된다.

GM은 한국의 대우자동차를 2001년에 인수하여 2011년 GM 그룹 내의 한국지엠주식회사(GM Korea Company)로 설립한다.

(2) 새로운 융합기술에 의한 지능형과 친환경 자동차의 성장

2000년 초에는 배기가스 규제의 강화로 연료 경제성에 대한 자동차 엔진 기술이 크게 주목받게 된다. 배출가스의 저감 요구와 석유 유가의 상승으로 석유를 대체하는 바이오 에너지에 대한 관심이 높아지고 목재나 곡물로부터 얻어지는 바이오 디젤과 바이오 알코올 등의 바이오 자동차 연료의 생산이 높아진다.

특히 1997년 교토 의정서에서 협의된 지구 환경을 위한 자동차 관련 국제 협약은 자동차에서 발생하는 이산화탄소(CO_2) 감축 규제에 박차를 가하게 되고 자동차 생산국들의 새로운 돌파구인 전기자동차의 개발에 박차를 가하게 된다. 보디 형상에서 스포츠카 모델은 점차 감소되고 SUV 실용적인 모델이 유행하게 된다. 자동차 안전성에 대한 규제와 편리성을 도모하는 IT 기술이 접목된 지능화와 텔레매틱스(Telematics) 시스템을 채용한 지능형 차량 기술 적용 확대가 이뤄지면서 전자・기계의 융합적 기술이 급진적으로 발전하게 된다. 하이브리드 및 연료전지 자동차 등 전기자동차의 개발과 ITS(Intelligent Transport System) 시스템으로 시작되는 스마트(Smart)기술이 확대된다.

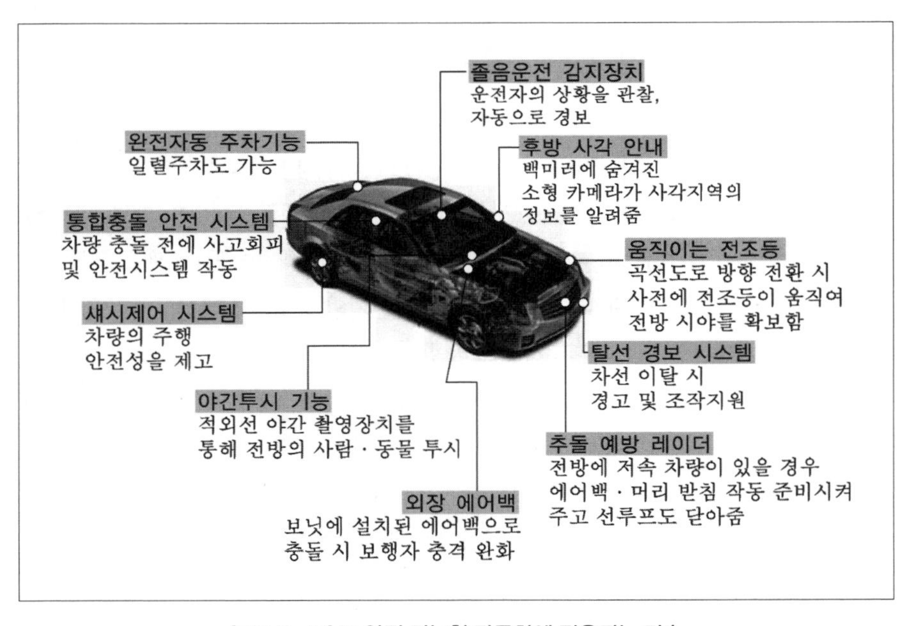

[그림 7-16] 고 안전 지능형 자동차에 적용되는 기술

3. 개성 있는 고유의 스타일로 선호도가 높은 자동차

오늘날의 자동차 형태는 자동차 시대 이전의 전통적인 마차 스타일로부터 시작되었다. 초기의 자동차 외형 스타일은 마차의 외형을 그대로 사용하며 엔진의 탑재 공간을 만들어가면서 점차 상자형의 모습을 갖추었다. 자동차의 크기와 외형도 새로 변해가며 공기역학적인 주행 성능 기술이 접목되면서 자동차 메이커만의 독창적인 스타일이 연출되었지만 시대를 대표하는 공통된 외형 스타일이 형성되어 오늘날의 세단 모양의 스타일이 갖추어진다.

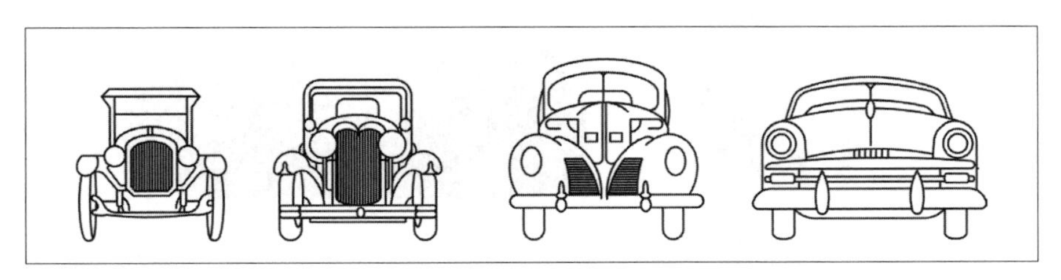

[그림 7 - 17] **자동차 외형 스타일의 변화**

자동차가 생겨나면서 수많은 회사들은 자동차들을 무수히 출시하였고 고객을 확보하기 위해 무한한 경쟁 속에서 판매 경쟁을 해오고 있다. 그 중에서도 오늘날까지 살아남은 자동차들은 남다른 디자인 특색을 지니고 꾸준히 성능의 신뢰를 얻어 온 것들이다. 그 중 대표적인 예로 재규어(Jaguar) 자동차가 일종의 상징인 재규어 로고(Jaguar Logo)를 내세워 둥근 헤드램프와 세로 기둥이 특징인 라디에이터 그릴을 장착하고 거기에 감동적인 보디 랭귀지(Body Language)를 만들어내며 많은 사랑을 받고 있다.

BMW는 블루와 화이트를 조합한 로고와 수평 기조의 보디와 안정감이 좋은 캐빈(Cabin), 자 모양으로 구부러진 C자 기둥과 키드니(Kidney)라고 불리는 콩팥 모양의 그릴과의 조합으로 개성있는 전면을 보이고, 다임러 벤츠는 쓰리 포인티드 스타(Three Pointed Star)의 높은 신뢰도를 나타내주는 브랜드 로고(BRAND LOGO), 차별적인 라디에이터 그릴, 상급 클래스의 분위기를 연출하는 보디 랭귀지 등에서 확고한 지위를 구축한다.

[그림 7 - 18] **개성있는 자동차 메이커**

이런 자동차들은 공통적으로 전면에 패밀리 페이스라고 불리는 아이덴티티(Identity)를 붙였고, 거기에 매칭된 보디 랭귀지의 발전이 소비자의 호감과 신뢰를 얻어서 오늘날까지 최고의 브랜드로 자리매김하고 있다. 이러한 고유의 외관 스타일 표현의 보디 랭귀지는 자동차 시장에서 서로 글로벌한 기술적 교류가 이뤄지게 하고, 경쟁적인 판매 사업 중에서 서로 자극을 받으며 각 사의 자동차 기술의 발전이 이뤄지고 있다. 그러면서 더욱 독자성이 강조된 유니크(Unique)한 조형들이 탄생되고 있다. 특히 양대 시장인 유럽과 아메리카를 배경으로 하는 기업 간 디자인스튜디오(Design Studio)가 형성되면서, 자동차 산업 선진국의 기술적 교류가 더욱 더 자동차 기술 발전을 가속시키는 계기가 되고 있다. 미국 디트로이트 3대 메카와 이탈리아 카로츠에리아(Carrozzeria)의 기술 제휴, 크라이슬러와 기아의 관계, 피닌화리나(Pininfarina)와 GM 캐딜락의 제휴 등은 유명한 일례가 되었고, 한국에서도 최근 프랑스의 명품 디자인계 최고기업인 에르메스(Hermes)와 현대 자동차가 합작 제휴하여 제작한 에쿠스 바이 에르메스(Equus by Hermes)의 경우도 새로운 브랜드로 떠오르며 프리미엄 자동차의 시대를 예고하고 있다.

MEMO

CHAPTER

08

세계의 자동차산업의 탄생

1. 주요 자동차 회사의 설립

2. 현재 유럽의 대표적 자동차 기업의 개요

3. 현재 미국의 대표적 자동차 기업의 개요

4. 현재 아시아를 대표하는 자동차 기업의 개요

1. 주요 자동차 회사의 설립

자동차의 발명과 초기의 개발은 18세기 유럽에서부터 시작되면서 자동차에 관심을 갖은 수많은 기술자, 기업가들이 자동차 회사를 설립하여 독자적인 브랜드의 자동차를 만들어낸다. 그 후, 새로운 자동차 개발은 미국, 일본을 거치면서 자동차를 만드는 기업들이 새롭게 탄생되고, 세계 자동차산업에서 살아남기 위한 경쟁을 벌이게 된다. 유럽과 미국, 아시아의 자동차 개발 초창기에 관심이 높았던 자동차 회사의 설립 역사를 살펴본다.

(1) 유럽의 자동차 회사

내연기관 자동차의 창시자인 독일의 칼 프리드리히 벤츠(Cal Friedrich Benz, 1844~1929)는 1883년에 벤츠자동차(Benz&Cie)를 설립하고, 1886년 고트리브 다임러(Gottlieb Daimler, 1834~1900)가 다임러 자동차회사(Daimler Motoren Gesellschaft. DMG)를 설립한다. 1926년에 벤츠자동차와 DMG의 두 회사가 합병하여 독일의 대표적 자동차 회사인 다임러 - 벤츠(Daimler – Benz)를 창설한다.

1889년 프랑스 사업가 사라쟁(Sarazin)의 미망인 르네 파나르(Rene Panhard. 1841~1908)는 동업자 에밀 르바소(Emile Levassor, 1843~1897)와 함께 프랑스 파리에 세계 최초의 자동차 양산 전문 공장인 파나르 르바소 자동차 회사를 설립하고, 그 해 5월에 동업자 에밀 르바소와 재혼한다. 1891년에는 다임러 엔진을 탑재한 모터 스포츠카인 파나르 &르바소 밀로르 모델을 출시한다. 1903년에는 연간 1,000대 이상의 자동차를 생산하고, 종업원이 1,500명에 이르는 세계 최대의 자동차 회사가 된다. 그러나 제2차 세계대전 이후 경영난으로 인하여 시트로엥에 합병되어 사라진다. 파나르 르바소는 사륜구동 군용 트럭 슬리브, 싱크로 메시 변속기, 유압브레이크 등 현대의 자동차 부품기술의 발전에 큰 업적을 남긴다.

독일의 아담 오펠(Adam Opel, 1837~1895)은 1862년 독일 중서부에 설립된 재봉틀 제조회사를 기반으로 하여 1899년부터 자동차를 생산하면서 아담 오펠 자동차 회사(Adam Opel AG)를 설립하나 오래지 않아 1929년 미국의 제너럴모터스(GM)에 자회사로 매각된다.

1899년 독일의 아우구스트 호르히(August Horch, 1868~1951)는 호르히(Horch&cie)를 설립하고 1932년 아우디(Audi), 데카베(DKW), 호르히(Horch), 반더러(Wanderer)의 4개 자동차 메이커들을 하나로 모아 아우디 자동차회사를 창설한다.

1905년에 설립된 영국의 자동차 회사 로버(Rover Company)를 근간으로 로버의 디자이너인 모리스 윌크스(Maurice Wilks)와 스펜서 윌크스(Spencer Wilks) 형제는 탱크처럼 강력한 자동차를 설계한다는 목표로 1948년 랜드로버(Land Rover)라는 명칭의 사륜구동의 다목적 군용차를 출시하게 된다. 이후 랜드로버는 1994년 독일의 BMW, 2000년 미국의 포드 자동차를 거쳐 2008년 인도의 타타 자동차 회사에 매각 된다.

1906년 영국의 찰스 롤스(Charles Stewart Rolls, 1877~1910)와 헨리 로이스(Henry Royce, 1863~1933)는 롤스로이스 자동차회사(Rolls - Royce Limited)를 설립한다.

1899년 이탈리아의 부호 지오반니 아넬리(Giovanni Agnelli, 1866~ 1945)는 토리노 이탈리안 자동차 회사(Fabbrica Italiana Automobili Torino)를 설립하여 1906년 회사명을 피아트(Fiat SPA)로 개칭하고 이탈리아를 대표하는 국민 자동차 회사가 된다.

이탈리아의 자동차 레이서였던 빈센초 란치아(Vincenzo Lancia, 1881~ 1937)는 1906년 란치아(Lancia) 자동차 회사를 설립하여 람다(Lambda), 아프릴리아(Aprilia), 플라미니아(Flaminia) 등의 모델을 통하여 새로운 기술을 갖춘 자동차를 생산하다 1969년 피아트에 인수된다. 역시 이탈리아 출신의 에토레 부가티(Ettore Bugatti, 1881~1947)는 1909년 프랑스 알자스 지방의 몰샤임(Molsheim)에 자신의 이름을 따서 부가티(Bugatti) 자동차 회사를 설립하고 당시 유럽에서 가장 빠른 경주용 자동차를 생산한다.

1910년 영국의 H.F.S 모건(Henry Frederick Stanley Morgan, 1881~ 1959)은 모건 자동차 회사(Morgan Motor Company)를 설립한다.

독일의 윌 헬름 마이바흐(Wilhelm Maybach, 1846~1929)는 다임러와 함께 내연기관을 개발하다 1909년 아들인 칼 마이바흐(Karl Maybach, 1879~1960)와 함께 마이바흐 자동차 회사를 설립하고 롤스로이스, 벤틀리와 함께 세계 3대 명차로 꼽히는 마이바흐(Maybach) 모델을 생산 한다.

영국의 자동차 경주 선수였던 라이오넬 마틴(Lionel Martin, 1878~ 1945)과 로버트 밤포드(Robert Bamford, 1883~1942)는 1913년 애스턴 마틴(Aston Martin) 자동차 회사를 설립하여 애스턴 마틴 스포츠카를 생산한다.

1914년 이탈리아의 알피에리 마세라티(Alfieri Maserati, 1887~1932)는 오피치네 알피에리 마세라티(Officine Alfieri Maserati)라는 이름으로 마세라티 자동차 회사를 설립하고 스포츠카 발전에 큰 역할을 한다.

이탈리아의 니콜라 로메오(Nicola Romeo, 1876~1938)는 1915년 알파로메오(Alfa Romeo) 자동차 주식회사를 설립하고 고성능의 레이싱카를 생산하다 1950년대부터 승용차를 양산하며 대표 차종으로 줄리아, 줄리에타, 알페타, 알파수드 등과 스포츠카인 스파이더 등의 고성능의 차량을 주로 생산하여 이탈리아의 제2의 자동차 회사로 성장하였으나 1996년 피아트에 합병된다.

1917년 독일의 프란츠 요세프 포프(Franz Josef Popp, 1886~1951)는 칼 프리드리히 라프(Karl Friedrich Rapp, 1882~1962)가 설립한 항공기 엔진회사인 라프 모터(Rapp Motor)를 인수하여 BMW(Bayerische Motoren Werke)를 설립한다.

프랑스의 앙드레 시트로엥(Andre Citroë n, 1878~1935)은 1919년 자동차 부품을 만드는 시트로엥(Citroë n)회사를 설립하고 자동차를 양산한다. 1921년 미국의 포드 모델 T를 닮은 5CV 모델을 출시한다.

1922년에 영국의 윌리엄 라이온즈(William Lyons, 1901~1985)는 윌리엄 웜슬리(William Walmsley)와 함께 스왈로우 사이드카 회사(Swallow Sidecar Company)를 설립하고 1935년 SS 재규어(Jaguar) 90과 100 모델의 자동차를 생산하고 제2차 세계대전 후 독창적인 디자인의 스포츠카를 주로 생산하면서 회사명을 재규어 자동차(Jaguar Cars)로 바꾼다.

1929년에 이탈리아의 엔초 페라리(Enzo Ferrari, 1898~1988)는 자신의 이름을 따서 스쿠데리아 페라리(Scuderia Ferrari)라는 레이싱 팀을 만들어 활동하다가 1947년에 페라리 S.P.A(Societàper Azioni) 합자회사로 법인 명칭을 바꾼 뒤 자동차 제조 회사로 등록하며 본격적인 스포츠 자동차를 생산한다. 페라리의 자동차는 포뮬러1(F1) 대회의 첫 해인 1950년부터 매년 출전해 우승을 기록하면서 스포츠카로서의 세계적인 명성을 쌓아 간다. 1988년 엔초 페라리 사망 이후, 페라리는 대부분의 지분을 피아트에 넘기면서 피아트의 계열사로 편입되었지만 페라리(Ferrari)라는 독자적인 브랜드로 운영되고 있다.

오스트리아 출신의 자동차 공학박사인 페르디난트 포르쉐(Ferdinand Porsche, 1875~1951)가 1931년 독일 슈투트가르트에 포르쉐 자동차 주식회사(Dr. Ing. h. c. F. Porsche GmbH)를 설립하여 스포츠카와 경주용 자동차를 생산한다.

페르디난트 포르쉐 박사는 공냉식 2기통 엔진을 차체 뒤에 단 소형차 Kdf - Wagen을 1936년에 완성하여 1937년 독일 국민차 개발회사(Organization for the development of the Germen peoples car, GEZUVOR)를 설립하는 데 크게 공헌한다. 이 회사는 1938년 폭스바겐 유한회사로 개칭되면서 오늘날 폭스바겐 자동차그룹(Volkswagenwerk AG)으로 세계에서 가장 큰 자동차 회사가 된다.

1952년 영국의 콜린 채프만(Anthony Colin Bruce Chapman, 1928 ~1982)은 주로 스포츠카와 레이싱카를 생산하는 로터스(Lotus) 자동차 회사를 설립한다.

1930년 영국의 세실 킴버(Cecil Kimber, 1888~1945)는 소형 스포츠카의 브랜드를 갖는 MG(Morris Garages) 자동차 회사를 설립한다.

1959년 영국의 자동차 회사인 브리티시 모터 코퍼레이션(British Motor Corporation, BMC)은 미니(MINI)라는 소형 자동차 브랜드를 출시한다. 이 미니 브랜드는 허버트 오스틴(Herbert Austin)이 1905년에 설립한 자동차 회사 오스틴 모터 컴퍼니(Austin Motor Company)에서 출시한 오스틴 세븐과 윌리엄 모리스

(William Morris)가 1913년 설립한 회사 모리스(Morris)에서 출시한 모리스 마이너라는 모델을 두 회사가 합병한 브리티시 모터 코퍼레이션이 두 가지 모델로 생산하다가 1969년부터 하나로 통일해 미니(MINI)라고 부르게 된다.

이탈리아의 페루치오 람보르기니(Ferruccio Lamborghini, 1916~1993)는 제2차 세계대전 후 람보르기니 트라토리(Lamborghini Trattori)라는 이탈리아 최대 규모의 농업기계 생산회사를 만들어 트랙터 제조 사업을 하다 1962년 페라리 자동차의 엔진 디자이너를 영입하여 우수한 성능의 엔진을 개발하고 1963년 이탈리아에서 스포츠카를 생산하게 된다. 1966년에 발표한 미우라(Miura) 모델은 당시 세계에서 가장 빠른 가속력을 갖는 스포츠카로 이목을 받는다.

뉴질랜드의 F1 레이싱 선수인 브루스 맥라렌(McLaren, 1937~1970)은 1963년에 자신의 이름을 따서 F1 레이싱 맥라렌 팀을 만들어 활동한다. 이 레이싱 팀이 모체가 되어 영국에 맥라렌 자동차(McLaren Automotive)가 창립되고 벤츠 엔진의 기술과 함께 최고 수준의 F1 레이싱 카를 개발한다.

루마니아에는 1966년 다치아(Dacia)자동차 회사가 세워져 프랑스 르노 자동차의 기술로 자동차를 생산하고 르노자동차의 자회사로 편입된다.

1974년에 생산된 카운타크(Countach)모델은 최고 속도가 300km/h에 이르는 세계 최고의 속력을 갖는 스포츠카로 이름을 널리 알렸다.이 페루치오 람보르기니 자동차 회사는 1998년 폭스바겐의 자회사인 아우디 자동차 그룹에 합병된다.

1978년 네덜란드인 욥 돈커부트(Job A. Donkervoort)는 돈커부트 자동차 회사(Donkervoort Automobielen B.V.)를 설립하고 네덜란드의 유일한 모델인 레이싱카를 생산한다.

(2) 미국의 자동차 회사

한편, 유럽 자동차 개발의 영향을 받은 미국에서도 1900년대를 시작으로 활발하게 자동차 회사들이 생겨난다.

1902년에 스코틀랜드 출신의 발명가 데이비드 뷰익(David Dunbar Buick, 1854~1929)이 미국 미시간주(州) 디트로이트에 뷰익 제조회사(Buick Manufacturing Company)를 설립하고 자동차 엔진과 자동차를 생산한다. 이 자동차 회사는 후에 1904년 윌리엄 듀랜트(William Durant)라는 직원에게 경영권이 넘어가고 1908년 윌리엄 듀랜트는 캐딜락(Cadillac Motor Car Company), 올즈모빌(Oldsmobile), 폰티액(Pontiac)을 합병하여 제너럴 모터스(General Motors Corporation, GM)를 설립하면서 생산량이 급속하게 늘어 미국 최대의 자동차 회사가 된다.

1902년 미국 디트로이트에서 헨리 릴런드(Henry Leland, 1843~1932년)는 경영 악화로 파산 위기에 있던 디트로이트 자동차 회사(Detroit Automobile Company)를 인수해 미국의 최고급 브랜드인 캐딜락 자동차 회사(Cadillac Automobile Company)를 설립한다. 이 자동차 회사는 1909년 제너럴 모터스에 합병된다.

1903년 헨리 포드(Henry Ford)는 미국을 대표하는 포드 자동차(Ford Motor Company)를 설립하여 대중을 위한 가장 실용적인 자동차를 생산하여 미국 자동차 산업을 대표하게 된다.

1908년 디트로이트에서 마차 제조업을 하던 W.C. 듀랜트(1861~ 1947)는 제너럴모터스(General Motors Corporation)를 설립한다. 그 후 GM은 뷰익, 캐딜락, 올즈모빌 등의 자동차 제조회사와 부품회사를 산하에 흡수하였고, 시보레를 추가하며 기업을 확대하여 미국의 3대 메이커의 자리를 차지하게 된다.

1913년 자전거 제작으로 이름을 날리던 존 프랜시스 닷지(John Francis Dodge, 1864~1920)와 호레이스 엘진 닷지(Horace Elgin Dodge,1868~1920) 형제는 닷지자동차 회사(Dodge)를 설립한다. 닷지는 1928년 크라이슬러에 인수되어 닷지라는 독자 브랜드로 남게 된다.

1917년 헨리 릴런드(Henry Martin Leland, 1843~1932)는 최고급 브랜드 링컨자동차 회사(The Lincoln Motor Company)를 설립한다. 링컨은 1922년 포드 자동차에 인수되어 포드 자동차의 최고급 브랜드로 남게 된다.

1925년 제너럴모터스(GM)의 초대 부사장이었던 월터 퍼시 크라이슬러(Walter Percy Chrysler, 1875~1940)는 크라이슬러 자동차 회사(Chrysler Corporation)를 설립한다. 크라이슬러는 1928년 닷지 브라더스(Dodge Brothers)를 인수하고, 4륜 구동의 원조 격인 군사용의 대표격인 차량 지프(Jeep)를 생산한다.

최근 2003년에는 인터넷 결제 시스템 회사인 페이팔(PayPal)의 최고경영자이던 일론 머스크(Elon Musk, 1971~)가 친환경 자동차를 대표하는 전기자동차 제조사인 테슬라 모터스(Tesla Motors)를 설립한다.

(3) 아시아의 자동차 회사

자동차의 개발과 제조 산업은 유럽으로부터 미국을 거쳐 아시아 지역으로 넘어 오면서 일본을 필두로 한국에 이어 중국, 인도 등으로 확산된다.

일찍이 일본에서는 미국에서 기계공학을 전공한 하시모토 마스지로(Hasimoto Masziro)가 1911년에 카이신자동차공장을 설립하고 1914년 동업자인 덴 켄지로(Den Kenjiro), 아오야마 로쿠로(Aoyama Rokuro), 타케우치 메이타로(Takeuchi Aketaro)의 이름 앞자를 따서 일본 제1호 국산차인 '닷토(DAT)'를 만들면서 DAT자동차로 상호를 바꾼다. 이 회사는 1933년 백양사와 실용자동차제조주식회사를 합병하여 1934년 일본을 대표하는 닛산자동차공업주식회사(Nissan Motor Co. Ltd.)로 상호가 바뀌게 된다.

1907년에 발동기 메이커인 하쓰도키 세이조(発動機製造)라는 회사가 설립되고 1930년 3륜 자동차 'HA'를 발매하며 자동차 제조를 시작하게 된다. 이 회사는 1951년에 경자동차를 주로 생산하는 다이하쓰 자동차 회사(Daihatsu Motor Company)로 개명된다.

1923년부터 소형 오토바이를 만들기 시작한 일본의 동양코르크공업은 1927년 (주)동양공업으로 개명하고 1931년부터 3륜차를 생산하면서 트럭과 승용차를 만드는 자동차 회사로 성장한다. 동양공업은 1967년에 독일의 NSU 자동차 회사가 생산하던 로타리 엔진인 방켈(Wankel)엔진의 기술을 도입해 인기 있는 로터리엔진 자동차 코스모 스포츠 쿠페를 생산하여 대미 수출의 기반을 마련하고, 1984년에는 마쓰다 자동차(Mazda Motor Corporation)로 상호를 바꾼다.

1909년 일본의 미치오 스즈키(Michio Suzuki)는 스즈키식 방직기 제작소를 설립하여 방직기를 만들며 2륜 자동차 산업으로 사업 확장을 시도한다. 1952년 파워프리(Power Free)라는 보조엔진을 장착한 자전거를 출시하면서 본격적으로 2륜차 생산에 뛰어들어 1954년 모터사이클과 소형차를 주력으로 하는 스즈키모터(Suzuki Motor) 회사를 설립한다.

1910년 일본에 주로 트럭을 생산하는 이스즈모터스(Isuzu Motors)가 설립된다.

일본의 도요다 기치로(1894~1952)는 아버지 도요다 사키치(1867~ 1930)가 설립한 토요타 자동 방직기 제작소에 자동차 부서를 설립하고 1935년부터 자동차 생산을 시작하여 1937년에 일본 자동차산업을 대표하는 토요타 자동차 공업 주식회사(Toyota Motor Corporation)를 설립한다.

1948년에 혼다 쇼이치로(Honda Soichiro)는 기술적으로 일본 자동차 회사의 대표급인 혼다 자동차 회사(Honda Motor Co. Ltd. 本田技研工業株式會社)를 설립한다.

1953년 일본에 스바루(Subaru)라는 브랜드로 자동차를 만드는 자동차 회사 후지중공업이 설립된다.

1870년부터 일본에서 해운사업을 하던 이와사기 야타로(岩崎彌太郎, 1834~1885)는 1917년 (주)미쓰비시중공업에 자동차사업부를 창설하고 자동차사업을 시작하다 1970년 미쓰비시자동차(Mitsubishi Motors, 三菱自動車)로 독립한다.

한국에서는 1954년 최무성 형제들이 국제차량제작주식회사를 설립하고 1955년 한국 최초로 상자 모양의 지프형 자동차인 시발 모델을 제1회 산업 박람회에 출시하여 최고상을 받는다. 대통령상을 받은 시발 자동차는 당시 국내에서 최고의 인기를 얻게 되고 회사명도 시발자동차주식회사로 개칭된다.

1962년 재일교포 박노정은 (주)새나라자동차를 설립하여 새나라라는 모델로 SKD(Semi - Knock Down) 부분조립생산을 시작한다.

1955년 차량정비업을 하던 김창원은 신진공업을 설립하고 자동차를 생산하다가 1965년 (주)새나라자동차를 인수하여 (주)신진자동차로 개명한다.

신진자동차는 후에 (주)새한자동차로 명칭이 바뀌었다가 1983년 경영권을 인수한 대우그룹의 김우중이 (주)대우자동차(Daewoo Motor Company)로 상호를 변경한다.

1940년대부터 지속적으로 자동차 정비업을 하던 정주영(1915~2001)은 1967년에 현재까지 한국자동차산업을 대표하는 현대자동차(Hyundai Motor Company, 現代自動車)를 설립한다.

1944년 김철호(1905~1973)는 서울에 (주)경성정공이라는 기계 회사를 설립하여 1952년 (주)기아산업으로 개명하고 삼천리 브랜드의 자전거를 생산한다. 1960년대부터 삼륜 트럭을 생산하며 본격적으로 자동차회사로 성장하여 1990년에 기아산업에서 (주)기아자동차(Kia Motors)로 상호가 변경된다.

1954년 하동환은 하동환자동차제작소를 창립하여 1962년 (주)하동환자동차공업으로 상호를 변경하고 대형버스를 생산한다.

인도의 잠셋지 나사르완지 타타(Jamsetji Nasarwanji Tata, 1839~1904)는 1868년에 타타 그룹(Tata Group)을 창설하고 1907년 철강회사와 1932년 항공사업을 시작하면서 인도의 최대 기업으로 성장한다. 2004년 한국의 대우자동차 상용차 부분을 인수하면서 타타모터스(Tata Motors)의 상호로 자동차 사업에 적극 투자하여 2009년 인도에서 나노라는 모델의 가장 저가인 자동차를 생산한다.

이와 같이 세계적으로 자동차 개발 초기에 만들어진 자동차 회사들의 자동차들은 한 세기의 자동차 역사를 거치면서 경영의 주체가 바뀌고 모델이 변형되면서도 태동시기의 독자적 브랜드를 유지하여 고전적 자동차의 역사적 가치를 갖는 경우도 많이 있다. 최근에 와서도 새로운 기술과 특성 있는 스타일을 도모하고 또한 열정 있는 기업가들에 의해 자동차 개발은 지속적으로 진행되고 있다. 특히 자동차는 대중의 보편적인 육상의 교통수단으로 자리매김하면서 다량생산과 다량 판매의 거대 시장을 형성하고 한 국가의 기간산업으로서의 입지를 만들고 있다. 군소 자동차 회사들은 새로운 모델의 개발과 생산, 판매 등의 집합된 기업 경영의 무한 경쟁 속에서 고유 모델을 유지하면서 경영상으로 기업의 합병, 생산 중단 등의 과정을 겪으며 회사의 존폐가 결정되어 왔다.

2000년대에 와서도 독일의 자동차 레이서로 유명한 클라우스 디이터 프레어스(Klaus Dieter Frers)는 2006년 아르테가 자동차 주식회사(Artega Automobil GmbH & Co)를 설립하여 명품 스포츠카 Artega GT를 생산하여 포르쉐(Porsche)와의 경쟁을 시도한 경우가 있으며, 이 외에도 수많은 신생 자동차회사가 새로운 과학 기술의 힘을 빌려 독자적인 모델을 개발하고자 노력하고 있다.

2. 현재 유럽의 대표적 자동차 기업의 개요

1) 메르세데스 벤츠 : 다임러 – 벤츠(Daimler – Benz)

칼 프리드리히 벤츠(Cal Friedrich Benz, 1844~1929)와
고트리브 다임러(Gottlieb Daimler, 1834~1900) :

벤츠자동차를 만든 칼 프리드리히 벤츠는 독일 바덴(Baden) 지방의 칼스루에(Karlsruhe) 출생으로, 이곳 공업고등학교에서 철도기계기술을 공부하고, 공장에서 현장 경험을 쌓은 뒤 1871년 만하임(Mannheim)에 기계제작 공장을 설립하여 기계산업을 시작하다가, 1877년부터 자동차용 내연기관에 대한 연구를 시작한다.

1878년에 고출력 2행정 가스기관을 만들어 1879년에 최초의 자동차 내연기관으로 특허를 출원하고 1883년 벤츠자동차(Benz&Cie)를 설립하면서 1884년 세계 최초로 전기 점화 장치를 장착한 2행정 가스기관을 만든다. 그리고 1886년 1월에 내연기관을 개발하여 마차와 같은 차체 모델에 탑재한 3륜 자동차를 만들어 특허를 받게 된다. 그리고 1888년부터 독일 만하임에서 자동차를 제작해서 판매하기 시작한다.

한편, 고트리브 다임러도 슈투트가르트 공업학교에서 기계기술 공부를 하고 1861년부터 2년간 영국의 기계공장에서 실질적인 경험을 쌓은 후 1872년부터 독일의 N. A. 오토회사와 가스발동기회사의 기술지도자로 일하면서 당시 발명되어 사용되던 가스기관을 개량하여 액체 연료를 사용하는 가솔린 기관의 완성에 많은 노력을 기울인다. 그 후 1882년에 W. 마이바흐와 함께 칸슈타트(Cannstatt)에 엔진시험 공장을 설립하고 1883년 최초로 가솔린 기관을 완성하는데, 이 엔진이 오늘날의 자동차용 가솔린 기관의 원조 형태이다.

[Top으로 서로 마주보는 Style의 단기통, 6.1마력, 1,999cc]

[그림 8 – 1] 1900년 초기 벤츠(BENZ)의 DUC 모델

1885년 다임러는 이 엔진을 자전거에 부착하여 주행에 성공하고, 다음 해인 1886년에는 이 엔진을 장착한 4륜 자동차가 출시되는데, 이것이 오늘날의 가솔린엔진 자동차 시대의 개막이 된다. 이어서 다임러는 슈투트가르트에 다임러자동차 회사(Daimler Motoren Gesellschaft, DMG)를 설립하여 벤츠 자동차와 각자 경쟁적으로 운영하다가, 1926년에 벤츠자동차와 DMG의 두 회사가 합병하여 다임러 - 벤츠(Daimler - Benz)가 된다. 1998년에 다임러 벤츠는 미국의 크라이슬러와 합병하여 다임러크라이슬러(Daimler - Chrysler)라는 다국적 자동차 기업으로 미국 시장 개척을 시도하기도 하나 크라이슬러의 경영악화로 2007년에 다시 분리된다. 2003년에는 벤츠와는 다른 별도 프리미엄 브랜드로 세계적인 명차로 알려진 마이바흐(Maybach) 브랜드를 출범시킨다.

한편 다임러벤츠의 대표적인 브랜드로 쓰이는 메르세데스 벤츠(Mercedes - Benz)라는 명칭은 1889년에 다임러의 동업자였던 에밀 옐리넥(Emil Jellinek)의 딸의 이름을 따서 출시한 메르세데스(Mercedes)라는 명칭의 벤츠 차량이 인기를 얻은 것을 고려하여 1926년부터 자사와는 별도의 명칭으로 불리고 있다.

2) BMW(Bayerische Motoren Werke)

칼 프리드리히 라프(Karl Friedrich Rapp, 1882~1962)
프란츠 요세프 포프(Franz Josef Popp, 1886~1951) :

1916년에 오스트리아의 기업가인 프란츠 요세프 포프는 칼 프리드리히 라프가 설립하여 운영하던 라프 모터르(Rapp Motor)라는 이름의 항공기 엔진 회사를 인수하여 1917년에 BMW를 설립한다.

프란츠 요세프 포프가 도안한 BMW의 엠블럼은 독일 바이에른(Bayern) 지방 고유의 흰색과 푸른색 체크무늬 깃발을 표방하여 푸른 하늘을 나는 항공기의 프로펠러가 도는 모습을 상징하며, 이는 항공기 엔진을 만들던 회사의 이미지를 보여주고 있다.

BMW는 1923년에 공랭식 500cc 엔진을 단 첫 모터사이클 R32 모델을 생산한다. 1927년에는 영국 태생의 허버트 오스틴(Herbert Austin, 1866~1941)이 설립한 오스틴(Austin) 자동차 회사가 생산하던 오스틴 세븐(Austin 7)승용차를 딕시(Dixi)라는 이름으로 아이세나크(Eisenach)에 있는 오스틴의 공장에서 위탁받아 생산한다. 오스틴 세븐자동차는 당시 영국의 대중들이 쉽게 가질 수 없던 사치품의 자동차를 누구나 가질 수 있도록 한 값싸고 실용적인 소형 자동차로서 자동차의 대중화를 이루게 되는 세계 자동차 산업에도 많은 영향을 준다.

다음 해 1928년에 아이세나크에 있는 오스틴의 공장을 인수하면서 딕시라는 오스틴모델의 이름을 BMW 3/15 모델로 바꾸어 자동차를 생산하다가 1933년부터는 자체 개발한 모델의 차량을 생산하게 된다. 그 후 1953년에 이탈리아의 이소(Iso)로부터 케빈형 스쿠터 이세타(Isseta)의 생산설비와 생산 권리를 사들여 BMW가 개발한 모터사이클용 엔진을 탑재하고, 부분적으로 디자인을 바꾸어 1955년부터 BMW 이세타 250이라는 이름으로 생산 · 판매한다. 이어서 298cc의 엔진을 탑재한 BMW 이세타 300모델을 출시한다.

1990년부터는 영국의 롤스로이스자동차(Rolls Royce)에 엔진을 공급하기 시작하다가 2003년에는 롤스로이스 자동차 부문을 인수한다. 1994년 영국의 로버그룹(Rover Group)을 합병하여 1996년에는 SUV 스타일 자동차를 대표하는 4륜 구동 차량 랜드로버(Land Rover)를 생산하고, 1998년에는 뉴 M5와 M쿠페를 출시한다. 2000년에 랜드로버 브랜드는 미국의 포드 자동차에 매각되고, 2003년에는 로버(Rover)의 승용차 부문을 중국의 상하이자동차(SAIC)에 매각하여 경영 합리화를 꾀하게 된다. 그 후 BMW는 자체적으로 독자적인 우수한 기술력을 확보하면서 세단, 쿠페, 스포츠카 등의 다양한 모델의 자동차를 생산하는 독일의 대표적인 자동차 회사가 된다.

3) 폭스바겐(Volkswagen)

페르디난트 포르쉐(Ferdinand Porsche, 1875~1951) :

유럽에서 자동차가 특수 부유층의 전용물이던 시절에 독일의 아돌프 히틀러는 미국의 포드 자동차 모델 T가 국민차로 대중화되는 것에 자극을 받아 대중차 개발의 프로젝트를 계획하고, 자동차기술 엔지니어인 페르디난트 포르쉐 박사에게 그 업무를 부과하여 공랭식 2기통 엔진을 차체 뒤에 단 소형차 Kdf - Wagen을 1936년에 완성시킨다. 이어서 1937년에 독일 국민차 개발회사(Organization for the development of the Germen peoples car, GEZUVOR)를 설립하게 한다. 이 회사의 명칭은 1938년 포르쉐 박사의 제안으로 독일어로 국민차라는 의미를 갖는 폭스바겐 유한회사로 개칭된다. 포르쉐 박사가 개발한 딱정벌레차라는 별명을 갖는 폭스바겐 비틀(Beetle)의 원형모델 Type1은 기본적인 스타일을 바꾸지 않은 채 1978년 서독에서 생산이 중단될 때까지 1,927만 대가 생산되었고, 그 후 브라질과 멕시코 등의 공장에서도 2002년까지 생산이 이루어진다.

1949년 폭스바겐은 미국에 처음 진출하여 승리의 차량(Victory Wagon)이라는 슬로건으로 VW 모델을 판매하게 된다. 폭스바겐 비틀 모델이 미국에서 큰 성공을 거두며 1955년 한 해에 100만 대 이상이 판매되는 성과를 이룬다. 1960년대 중반에는 아우디(Audi)자동차의 전신인 아우토 유니온(Auto Union)을 성공적으로 인수하고 1970년대부터 VW와 비틀 모델에서 골프(Golf), 폴로(Polo), 래빗(Rabbit) 모델로 생산을 확대하고, 1990년대에는 뉴비틀(New Beetle), 파사트(Passat), 롤스로이스 벤틀리(Rolls - Royce Bently), 부카티(Bugatti), 람보르기니(Lamborghini), 세아트(SEAT) 등 세계적 명성을 갖는 새로운 모델을 출시한다. 1990년에는 체코의 자동차회사인 슈코다(Skoda)와 스웨덴의 중장비 운송 차량 제조업체인 스카니아(Scania)를 인수하면서 세계 최대의 자동차 그룹으로 성장한다.

4) 아우디(Audi)

아우구스트 호르히(August Horch, 1868~1951) :

아우구스트 호르히는 칼 벤츠와 함께 자동차를 개발하다가 독립하여 1899년에 호르히 자동차 회사(Horch & cie)를 설립하나 자동차 경주에만 몰입하다 경영 악화로 경영진에서 퇴출된다. 그 후 1909년 호르히(Horch)와 라틴어로 같은 의미를 갖는 아우디(Audi)라는 명칭으로 새로운 자동차회사를 세운다.

1932년에는 같은 지역에 있던 아우디(Audi), 데카베(DKW), 호르히(Horch), 반더러(Wanderer)의 4개 자동차 메이커들이 연합하여 아우토 유니온 자동차 회사(Auto Union GmbH)를 만들고 유럽시장에서 두각을 나타낸다.

1960년 아우토 유니온은 1884년 크리스티안 슈미트(Christian Schmidt)가 설립한 NSU자동차(Neckarsulm Strickmaschinen Union)를 합병하여 아우디 NSU 아우토 유니온 주식회사(Audi NSU Auto Union AG)로 개칭하고, 1985년 이들 합병된 회사의 명칭을 아우디 자동차 회사(Audi AG)로 바꾼다. 아우디의 엠블럼인 네 개의 링이 연결되어 있는 모양은 아우토 유니온의 전신인 아우디, 데카베, 호르히, 반더러 순으로 네 개의 자동차 회사들이 연합되어 있다는 것을 상징한다. 아우토 유니온은 유럽 최초로 6 실린더의 전륜구동 자동차를 생산하는 기술을 발휘하고, 아우디의 레이싱 팀은 1930년대의 그랑프리 자동차경주에서 메르세데스 벤츠와 쌍벽을 이루게 된다. 아우디자동차는 1959년 다임러벤츠에 팔렸다가 1964년부터 폭스바겐자동차 그룹에 합병된다.

5) 피아트(Fiat SpA, Fabbrica Italiana Automobili Torino)

지오반니 아넬리(Giovanni Agnelli, 1866~1945) :

피아트는 1899년 이탈리아의 부호 지오반니 아넬리가 동료 부호들과 함께 설립한 이탈리아의 대표적 자동차 회사로 1906년부터 토리노 이탈리안 자동차 회사(Fabbrica Italiana Automobili Torino)의 약자를 사용하여 현재의 피아트 자동차 회사(Fiat SpA)라는 회사명을 쓰고 있다.

피아트는 제1차 세계대전을 겪으면서 크게 성장하여 자동차 제조 외에 농업기계, 철도차량, 선박기관, 항공기, 원자력, 우주개발, 제철, 비철금속, 고무, 석유 산업 외에 건설장비용 엔진을 생산하며, 이탈리아의 중화학공업을 주도하였고, 금융 서비스 등을 갖고 있는 이탈리아 최대 그룹 중의 하나가 된다. 일찍이 지오반니 아넬리는 미국의 헨리포드와 친분을 갖고 교류하면서 자동차 산업의 정보와 경영의 영향을 많이 받게 된다. 포드의 자동차 경영 철학의 영향을 받아 대중을 위한 자동차의 생산에 주력하여 값이 저렴한 소형차 티포(Tipo)를 생산하여 대중으로부터 크게 인기를 얻게 된다.

피아트는 1969년 란치아와 페라리를 인수하여 이탈리아 자동차 생산의 90% 이상을 차지하는 전성기를 누리다가 1970년대 석유 파동으로 경영 위기를 맞이하게 되고, 그 후 사업 다각화를 시도했지만 경영은 개선되지 않는다.

1986년에는 제너럴모터스와의 경합 끝에 알파로메오를 인수하고 3년 뒤 유럽 자동차 시장 점유율 2위의 자동차 대기업이 되나, 1990년대 이탈리아 내수시장의 부진과 유럽 경기불황의 여파로 2000년 초 부도 위기에까지 몰린다. 2000년 미국의 세계적 자동차회사인 제너럴모터스와 전략적 제휴를 체결하고 2004년 세르지오 마르치오네(Sergion Marchionne)가 취임하면서 적자 상태이던 회사는 흑자로 돌아선다. 2009년부터는 미국의 3대 자동차 회사 중의 하나인 크라이슬러를 합병하기 위해 지분 참여를 진행한다.

6) 르노(Renault S.A)

루이 르노(Louis Renault, 1877~1944) :

루이 르노는 프랑스의 전형적인 부호 집안에서 태어나 어려서부터 기계를 다루는 일과 자동차를 좋아하는 소년으로 성장한다. 당시의 증기 자동차를 타면서 본인도 새로운 자동차를 만들어 보겠다는 꿈을 갖는다. 1898년 루이 르노는 마르셀 르노(Marcel Renault), 페르난드 르노(Fernand Renault) 형제와 함께 자동차 회사를 만들어, 1898년 첫 차인 소형차 브와뛰레뜨(Voiturette 1CV)를 만들어 아버지 친구에게 판매하는 사업수단을 발휘한다.

1918년부터는 본격적으로 농업용 기계와 산업용 기계도 생산하는 종합 기계 산업으로 성장하나 1945년 제2차 세계대전이 끝난 후 회사 자산을 프랑스 정부가 몰수하여 국영자동차회사(Régie Nationale des Usines

Renault)로 명칭이 바뀐다. 이 회사는 1947년 르노 4CV, 1958년에는 도핀느(Dauphine) 등 소형차를 개발하여 대량 생산하면서 프랑스의 최대 자동차 회사로 성장하게 된다. 1955년 자회사인 사비엠(Sabiam)을 세워 트럭, 버스 등의 상용차를 생산하게 되고 경쟁력을 높이기 위하여 1966년에는 1855년에 설립된 프랑스의 푸조(Peugeot S.A)자동차 회사와 제휴를 맺는다. 1999년에 일본 닛산자동차(Nissan Motor Co., Ltd.)의 지분을 인수하고 2002년 르노 - 닛산BV라는 회사를 출범시켜 공동구매, 부품의 공급 및 정보시스템을 공유한다. 또한 루마니아의 자동차 회사인 다치아(Automobile Dacia)를 인수하여 하이브리드 자동차, 연료전지 자동차 등 친환경 차량 개발을 활발히 진행하여 2010년 말 중형 전기차인 리프(Leaf)를 미국 시장에서 출시한다. 2000년에는 한국의 삼성자동차를 인수하여 르노삼성자동차를 설립한다.

3. 현재 미국의 대표적 자동차 기업의 개요

1) 포드(Ford)

헨리 포드(Henry Ford, 1863~1947) :

포드 자동차 회사는 1903년에 헨리 포드에 의해 정식으로 발족되고 자체 개발한 2기통 8마력 엔진을 탑재한 첫 차 모델 A와 모델 B, 모델 K를 계속하여 출시한다. 1908년에는 대중을 위한 국민차 모델 T에 컨베이어벨트를 도입하여 대량으로 생산하여 당시 자동차 가격의 절반 이하인 천 불 이하 수준으로 보급함으로써 자동차의 대중화에 크게 공헌하게 된다. 모델 T는 기통수를 4기통으로 늘리면서 배기량과 출력을 향상시키고 가격은 더욱 낮추어 1924년에는 전 미국 자동차 보급률의 절반 이상을 상회하는 실적을 내면서 1927년까지 생산이 이어진다.

1922년에는 링컨자동차 회사(Lincoln Motor)를 인수하면서 고급자동차를 생산할 수 있는 기술을 확보하게 되고 1927년에는 철강생산의 루지공장을 건설하여 일괄적인 자동차 생산 시스템을 갖추게 된다. 그러나 포드 자동차는 다른 자동차 회사에 비해 상대적으로 모델의 다양화를 이루지 못해 후발주자인 GM과 크라이슬러에게 시장 점유율이 뒤쳐지는 수모를 겪게 된다. 1945년 헨리 포드의 손자인 헨리 포드 2세가 경영권을 물려받아 새로운 경영 도약을 시도하여 1955년 선더 버드(Thunderbird)라는 스포츠카 모델을 출시하고 1964년에 출시한 머스탱(Mustang) 모델이 큰 인기를 얻으며 시장 점유율을 다시 회복하게 된다.

포드 자동차는 야심작으로 1958년에 에드셀(Edsel)을, 1985년에는 머큐르(Merkur) 등의 모델을 별도 브랜드로 운영하기도 했으나, 판매에 실패하면서 각각 1962년과 1989년에 중단한다. 유럽에서 애스턴 마틴

(Aston Martin), 재규어(Jaguar), 랜드로버(Land Rover), 볼보(Volvo) 자동차를 인수하여 프리미어 오토모티브 그룹(Premier Automotive Group ; PAG)이라는 별도의 고급 브랜드로 자동차 그룹을 운영하며 일본에서는 마쓰다(Mazda)라는 자동차 브랜드를 갖게 된다. 이들 중 애스턴 마틴(Aston Martin)은 2007년 영국의 프로드라이브인 데이비드 리처드(David Richards)에게 매각하고, 재규어와 랜드로버는 2008년 인도의 타타 모터스에, 볼보자동차는 2010년 중국의 지리자동차(Geely Auto-mobile)에 매각함으로써 프리미어 오토모티브 브랜드 그룹 운영은 무산되고 만다. 일본의 마쓰다 자동차의 지분도 대부분 매각하여 포드(Ford)와 링컨(Lincoln)만으로 브랜드를 운영하게 된다.

2) 제너럴 모터스(GM ; General Motors)

윌리엄 카포 듀랜트(William Carpo Durant, 1861~1947) :

제너럴 모터스는 미시건 주 디트로이트에서 마차 제조업을 하던 윌리엄 듀랜트가 1904년 뷰익(Buick)자동차 지분을 인수하여 1908년에 창립한다. 그 후 캐딜락(Cadillac), 올즈모빌(Oldsmobile), 폰티악(Pontiac) 등의 자동차 제조회사와 부품회사를 흡수하고, 또한 시보레(Chevrolet)를 추가하여 GM이라는 명칭으로 미국 최대의 자동차그룹으로 성장하게 된다. 1920년대의 경영 불황으로 듀랜트가 퇴진하고 제2대 회장으로 알프레드 슬로언(Alfred Sloan, 1875~1966)이 취임하면서 분권적 사업 조직 체계의 개혁을 단행하여 회사경영의 재건을 도모한다. GM의 독창적인 분권적 사업 조직 체계 경영 방식은 이후의 미국 기업들의 회사 운영의 모범적인 전형이 된다. 1972년 GM은 대우자동차의 전신인 신진자동차의 지분 50%를 인수하여 대우자동차의 경영에 참여하는 GM 코리아를 설립하면서 한국 시장에 진출하게 된다.

3) 크라이슬러(Chrysler Corporation)

월터 P. 크라이슬러(Walter P. Chrysler, 1875~1940) :

1909년 조나단 맥스웰(Jonathan Maxwell)과 벤저민 브리스코(Benjamin Briscoe)가 유나이티드 스테이츠 모터 컴퍼니(United States Motor Company)를 설립하여 운영하다 1913년에 조나단 맥스웰이 독자적으로 맥스웰 모터 컴퍼니(Maxwell Motor Company)라는 회사로 독립한다. 1920년 이 회사에 제너럴모터스(GM)의 초대 부사장이었던 월터 P. 크라이슬러가 입사하여, 1922년에 차머스모터카(Chalmers Motor Car)를 인수하고, 1924년에 크라이슬러 자신의 이름을 붙인 크라이슬러70을 생산하면서 경영의 입지를 굳히고 1926년에 사장으로 취임한 후 회사 이름을 크라이슬러자동차(Chrysler Corporation)로 바꾸게 된다.

그 후, 크라이슬러는 1928년 닷지 브라더스(Dodge Brothers)를 인수하면서 제너럴모터스와 포드 자동차와 더불어 미국 3대 자동차 회사의 하나로 성장한다. 1950년대에는 군소 자동차회사들을 다수 인수하고, 이어서 1963년에는 프랑스의 심카(Simca), 1967년 영국의 루터스모터스(Rootes Motors), 에스파냐의 바레이로스 디젤(Barreiros Diesel)을 인수하여 각각 크라이슬러 - 프랑스, 크라이슬러 - 유나이티드킹덤, 크라이슬러 - 에스파냐라는 회사명으로 운영한다. 1970년대 말에 미국 자동차 산업의 쇠퇴와 더불어 해외경영 악화로 크라이슬러가 보유했던 해외기업들이 매각되고 도산 위기에 처하게 된다. 1978년에 오랫동안 포드 자동차에 근무하던 리 A. 아이아코카(Lee A. Iacocca)가 영입되면서 크라이슬러자동차는 1980년대 초부터 새로운 도약의 기회를 갖게 된다.

4. 현재 아시아를 대표하는 자동차 기업의 개요

1) 도요타 자동차(Toyota)

도요다 키이치로(Kiichiro Toyota, 1894~1952) :

도요타 자동차는 1926년 도요다 사키치(1867~1930)가 설립한 직물기 제작 공장인 도요다 자동직기제작소에 1933년 사키치의 아들인 도요다 키이치로가 자동차 부서를 설립하여 본격적으로 자동차 연구를 착수하면서 그 역사가 시작된다. 키이치로는 1935년에 GI형 트럭을 설계하여 첫 작품을 발표하고 1936년에는 자체 생산하여 A형 엔진을 탑재한 도요타 최초의 자동차 AA모델을 출시한다.

1937년부터 G1형 트럭을 완성하고 본격적으로 생산에 돌입하면서 도요타 자동차 회사(Toyota Motor Corporation)가 정식으로 설립된다. 제2차 세계대전 시기에는 군용 트럭을 생산하며 성장하다 1945년 전쟁 후 일본의 폐망과 함께 경영에 큰 위기를 맞는다. 1950년대 한국 동란의 시기에는 다시 호기를 맞게 되고 미국 포드 자동차의 다량 생산 방식을 도입하여 이것을 모델 삼아 소위 도요타 생산 방식인 적기 조립부품 공급 방식 JIT(Just In Time) 시스템을 갖추면서 일본자동차산업의 선두 주자가 된다. 1970년대에는 코로라(Corolla)모델이 국제적으로 최고의 인기를 얻고, 히노자동차(Hino Motors)와 다이하츠자동차(Daihatsu Motor Company)를 계열사로 갖추면서 일본의 대표적인 자동차 회사로 성장한다.

1986년에는 세계 시장을 겨냥한 별도의 고급 브랜드 렉서스(Lexus)를 출시하여 미국을 비롯한 세계 고급차 시장에서 인정받게 된다.

도요타는 친환경 차량의 개발에서도 두각을 나타내어 2009년에 제3세대 하이브리드 자동차라고 하는 양산 모델 프리우스(Prius)를 출시하면서 가솔린 엔진과 전기모터 동력을 복합적으로 사용하는 하이브리드 자동차 분야계의 선두주자로 나선다.

2) 현대 자동차(Hyundai)

정주영(Chung Ju yung, 1915~2001) :

한국의 정주영(1915~2001년)은 1940년대 초부터 자동차 정비회사인 아도 서비스(Art Service)를 운영하다 1946년 현대자동차공업사로 상호를 바꾼다. 1960년대부터 한국에서도 중화학공업 육성에 따라 자동차 공업이 성행되기 시작한다. 1967년에는 (주)현대자동차(Hyundai Motor Company)를 설립하여 미국 포드 자동차의 코티나(Cortina)모델을 양산하기 시작한다. 1976년 현대자동차의 자체적인 기술 개발로 최초의 한국형 승용차 포니(Pony)모델을 출시하여 국내에 판매하고 캐나다 지역에도 수출하면서 기술적으로 성장하게 되고 후속 모델인 엑셀(Excel)자동차와 프레스토(Presto)자동차를 개발하여 미국에도 수출하게 된다. 1991년 현대자동차 연구소의 독자 기술로 자동차 엔진 개발에 성공함으로써 자동차의 국산화에 크게 기여하게 된다. 1998년 (주)기아자동차와 (주)아시아자동차를 인수하면서, 2000년부터 현대자동차그룹(Hyundai Motor Group)으로 한국의 자동차 산업을 대표하는 세계적 자동차 기업으로 성장한다.

3) 혼다 자동차(Honda)

혼다 소이치로(Honda Soichiro, 1906~1991) :

일본의 대표적인 기술자이며 기업 경영가인 혼다 소이치로(Honda Soichiro)는 1946년에 내연기관과 2륜차의 연구 개발을 목적으로 혼다기술연구소를 설립하고 이를 바탕으로 1948년 혼다 자동차회사의 공식 명칭인 혼다기연공업주식회사(Honda Motor Co. Ltd)를 설립한다. 모터 사이클의 전문 업체로 성장하면서 1952년에 자동차용 엔진을 탑재한 커브 F(CUB F)형 모델을 출시하여 세계적인 명성을 얻게 된다. 1959년에는 미국 로스앤젤레스에 아메리칸 혼다 모터회사(American Honda Motor Inc)를 세우고 커브(CUB)모델의 모터사이클을 생산하여 전세계적으로 인기를 얻는다. 1963년 혼다는 최초로 경트럭 T360/ T500 모델을 출시하면서 자동차산업에 본격적으로 참여하게 된다.

1963년에는 스포츠카 S360모델을 출시하고 1972년에는 저공해 엔진 기술인 CVCC(Compound Vortex

Combustion) 엔진을 개발하여 시빅(Civic)자동차 모델에 탑재하고 1974년부터 미국에 수출한다. 시빅 자동차 모델은 미국의 자동차 배출가스 규제법인 머스키법의 기준을 최초로 통과하고, 저공해와 저연비 자동차기술을 인정받으면서 세계적인 자동차 기업으로 성장하게 된다. 혼다 자동차는 1986년부터 자동차, 모터사이클뿐만 아니라 인공지능 연구에도 투자하여 2000년에 인간처럼 걷고 물체를 인식하는 최초의 인공지능 로봇인 아시모 로봇을 내놓아 주목을 받게 된다.

4) 닛산 자동차(Nissan)

하시모토 마스지로(Hasimoto Masziro) :

1911년 기계기술자인 하시모토 마스지로는 카이신 자동차 공장을 설립한다. 1914년에는 동업자인 덴 켄지로(Den Kenjiro), 아오야마 로쿠로(Aoyama Rokuro), 타케우치 메이타로(Takeuchi Aketaro)의 이름 앞 자를 따서 일본 제1호 국산차인 닷토(DAT)를 만들면서 DAT자동차로 상호를 바꾸었다가 1933년 백양사와 실용자동차제조주식회사를 합병한다. 1934년에는 일본을 대표하는 닛산자동차공업주식회사(Nissan Motor Co. Ltd.)를 설립한다. 닛산자동차는 제2차 세계대전 후 경영의 악화로 어려움을 겪게 되나 1950년 한국전쟁을 계기로 군용 트럭 등의 생산으로 새로운 도약을 마련한다.

1989년에는 럭셔리 브랜드 인피니티(Infiniti)모델의 브랜드 자동차를 출범시키는 등 제품 다양화를 시도하고 2002년에 프랑스의 르노(Renault)와 합병하여 르노 - 닛산 B.V(Renault – Nissan Besloten Vennoot schap)을 설립한다.

MEMO

CHAPTER

09

자동차 산업·개발에 큰 영향을 준 헨리 포드와 포드 자동차

1. 포드 자동차의 기업개요와 경영철학

2. 포드 자동차의 대표적 모델과 일반적 외형 특성

1. 포드 자동차의 기업개요와 경영철학

1) 헨리 포드와 포드 자동차 기업개요

헨리 포드(Henry Ford, 1863~1947)는 1863년 7월 30일에 미시간(Michigan)주 디트로이트(Detroit)에서 10마일 정도 떨어져 있는, 오늘날 포드 자동차 박물관이 있는 디어본(Dearbon) 그린 필드 빌리지(Greenfield Village)인 그린 필드 타운십(Greenfield Township)이라는 마을에서 태어났다.

헨리 포드의 부모는 아일랜드에서 신대륙에 이주하여 넓은 땅을 개척하여 넓은 농장을 만든다. 그리하여 온 가족이 농사일을 하며 살아 갈 수 있는 터전을 이룬다. 이런 환경에서 포드는 부모님을 도와 농장의 힘든 일을 경험하며 어떻게 하면 쉽고 편하게 농사를 지을 수 있을지 고민하며 농기의 기계화에 대한 생각으로 어린 시절을 보내게 된다.

포드는 어려서부터 기계를 만지고 다루는 일에 흥미가 많았으며 12살 때 이미 시계를 수리하고 조립하며 기계에 대한 기능적인 능력을 갖추게 된다.

어느 날 도시에서 증기자동차를 목격하며 자동차라는 기계에 감명을 받게 되고, 1879년에 자동차를 처음 운전해 볼 수 있는 경험을 하면서 농부보다는 기술자가 되겠다는 결심으로 평소 생각해오던 자신의 진로를 결정하게 된다.

그리고 17살이 되던 해 부모님 농장의 일을 떠나 디트로이트로 출가하게 된다. 당시의 자동차는 증기기관을 이용하여 농업용 트랙터나 농작물 등의 물건을 운반하는 용도로 발전하는 상태였고 승용의 교통수단으로 활용하는 데는 종래의 마차와 우월성을 비교하기 어려운 상태였다. 따라서 증기기관을 대체할 자동차의 동력원으로 내연기관이나 전기모터가 개발되어 자동차에 채용되는 시대가 열리게 된다.

당시 자동차의 여러 동력원 중 배터리를 가져야 하는 전기자동차의 문제와 물을 끓이는 보일러가 필요한 증기자동차의 문제를 해결할 수 있는 내연기관의 발명이 관심을 끌게 된다. 헨리 포드는 1885년 디트로이트의 이글아이언 공장에서 유럽으로부터 개발되어 들어온 내연기관인 오토기관을 수리하게 되면서 기술을 습득하고 새로운 내연기관인 가스기관을 연구하게 된다.

포드는 1887년에 4행정 오토기관 형식의 내연기관을 자체 개발하여 제작하고, 1890년에는 2기통 기관의 개발에 착수하여, 1892년에 비록 후진 기능은 없지만, 자체 개발한 엔진을 탑재한 최초의 자동차를 만들게 된다. 이후 설계와 시험의 개선을 거쳐 1896년에 4륜 마차의 차대에 자전거 바퀴를 달고 2기통 가솔린 엔진을 장착한 자동차를 만들었다. 이것이 자동차 대중화의 바람을 일으킨 포드가 만든 최초의 자동차가 된다.

포드는 자신이 만든 자동차를 대중들에게 널리 알리기 위해 "999"라는 모델명의 경주용 자동차 개발에 치중하고, 당시의 자전거 프로 경륜 선수인 바니 올드필드(Barney Oldfield)를 영입하여 대표적인 자동차 경주에서 두각을 나타낸다. 이로써 포드도 빠른 자동차를 만들 수 있다는 대중적 기반을 갖게 되고 더 나아가 지속적으로 사업적 기반을 갖추면서 1903년에 알렉산더 말콤슨(Alexander Malcomson)과 함께 12명의 투자자를 모아 포드 자동차 회사(Ford Motor Company)를 설립한다. 회사 초기에는 자동차 개발의 방향과 경영방식에 대한 의견차이로 투자가들과의 갈등을 겪으면서 주주들의 퇴출을 맞게 된다. 포드는 1906년부터 회사의 지분율을 높여 가며 경영 지배권을 확보하고 1919년에는 아들 에드셀 포드(Edsel Ford, 1893~1943)와 함께 100%의 지분을 모두 확보하게 된다. 헨리 포드는 2기통 8마력 엔진의 첫 자동차 모델 A와 모델 B, 모델 K를 만들어내면서 알파벳 A, B, C, F, N, R, S, K를 모델 명칭으로 사용하여 지속적으로 새로운 모델의 자동차를 출시한다.

[출처:포드 박물관 자료]

[그림 9-1] 1896년 포드가 만든 최초의 자동차

[그림 9-2] 1902년 포드가 경주용 자동차로 개발한 "999" 모델

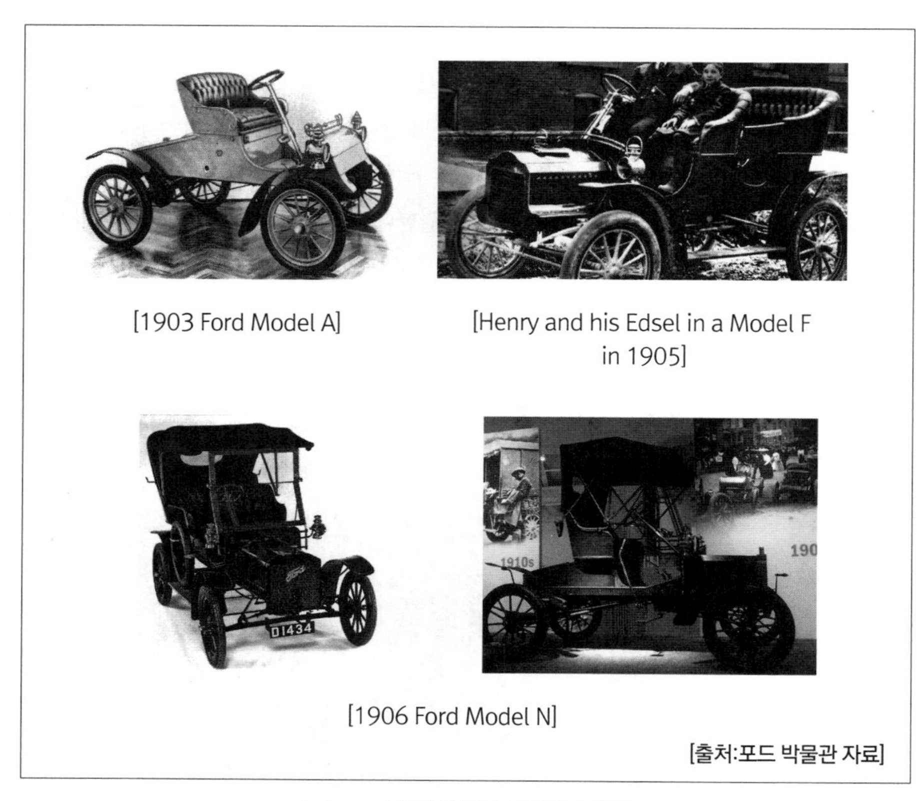

[1903 Ford Model A]

[Henry and his Edsel in a Model F in 1905]

[1906 Ford Model N]

[출처:포드 박물관 자료]

[그림 9-3] **초기의 포드 자동차 모델들**

포드는 당시 석유 자원이 풍부하고 국토가 넓은 미국이 발전하는 데 있어 자동차는 귀족들의 기호품이나 완구가 아닌 필수 생활용 도구가 될 것이라는 안목을 갖는다. 따라서 대중이 저렴하게 구매할 수 있는 자동차를 생산하는 데 개발 목표를 갖고, 1908년에 가장 큰 대중의 인기를 얻게 되는 모델 T를 발표한다. 1910년에는 최초로 컨베이어 라인(Conveyer Line)을 사용한 조립방식을 개발하여 대량 생산에 사용하면서 제품생산 공정의 혁신적인 개혁을 일으키게 된다.

1914년에 생산된 모델 T 자동차는 당시 자동차 가격의 절반 이하인 550달러 대로 저렴하며 간결하고 안정성을 고려한 우수한 설계로 만들어졌다. 또한 직렬 4기통 2,900cc의 20마력 엔진을 탑재하여 2단 기어로 시속 60킬로미터까지 달릴 수 있는 자동차로 대중의 인기를 크게 얻게 된다. 모델 T 자동차의 판매량은 1921년에 500만 대 이상을 돌파하며 전 미국 자동차 판매 차량의 절반 이상을 차지하게 되고 1927년에 생산이 중단될 때까지 19년간 합계 천오백만 칠천여 대를 생산하여 당시 세계 자동차의 30% 이상을 점유하면서 전 세계의 자동차 대중화에 앞장서게 된다. 이후 포드 자동차의 사장직을 물려받은 포드의 장자 에드셀 포드는 고급차 생산을 목표로 하여 1922년에 고급 자동차를 생산하는 미국의 링컨(Lincoln Motor)자동차를 인수하고 고급자동차의 기술을 습득하게 됨으로써, 지금까지의 대중적인 자동차 메이커의 이미지를 벗어나 포드의 고급 자동차 브랜드를 확보하게 된다.

헨리 포드는 자동차의 주재료가 되는 철강을 직접 생산하고 자동차용 특수 철강을 개발함으로써 다른 자동차와 강도와 안전성의 차별화를 시도한다. 1927년에는 미국 내 최대의 철강 회사인 루지공장(Rouge Plant)을 건설하여 철강 생산 설비를 구축하게 됨으로써 철광석에서부터 자동차로 이어지는 일괄적인 자동차 개발의 기틀을 만들게 된다. 종합적인 세계 최대의 자동차회사로 승승장구하던 포드 자동차는 1930년대부터는 다른 자동차 메이커들에 비해 상대적으로 새로운 모델의 다양화를 이루지 못하면서 후발 주자인 GM과 크라이슬러에게 시장 점유율이 뒤지게 된다. 자동차 산업의 미래가 예측되지 못하던 개척시대에 새로운 일에 대한 열정과 도전 의식으로 과감하게 자동차 산업을 시작한 헨리 포드는 기업의 성장 과정에서 겪은 몇 번의 실패와 역경, 그리고 나이 들어가며 생긴 아집과 고집이 아들과 세상에 대한 소통의 불화를 낳아 경영의 어려움을 가져오게 된다. 고령의 헨리 포드로부터 경영에 대한 지식을 많이 전수받은 아들 에드셀이 일찍 죽으면서 포드 자동차의 경영 체계는 완전히 침체 된다. 1945년에 헨리 포드의 부인인 클라라 브라이언트(Clara Bryant)의 도움을 받은 손자 헨리 포드 2세(Henry Ford Jr. 1917~1987)가 26세의 젊은 나이로 할아버지의 경영권을 물려받아 젊은 인재들을 영입하고 생산과 경영의 합리화를 추진하면서 새로운 경영의 전기를 마련하게 된다. 포드는 1947년에 83세의 나이로 운명을 달리하게 되고, 경영권을 물려받은 헨리 포드 2세는 1948년에 V형 8기통 3,917cc의 100마력 엔진을 탑재한 포드 F - 시리즈(FORD F - SERIES)픽업 승용차와 동급의 엔진으로 1949년 포드(FORD), 1950년 머큐리(MERCURY)모델의 승용차를 계속적으로 출시하여 큰 성공을 이루게 된다. 1955년에 스포츠카 형식의 포드 선더버드(FORD THUNDERBIRD)모델을 발표하여 폭발적인 인기를 얻는다. 또한 1964년에 생산한 포드 머스탱(FORD MUSTANG)모델이 미국 젊은 층으로부터 큰 인기를 얻으면서 포드 자동차는 다시 미국 시장을 제패하게 된다.

1980년에는 헨리 포드 2세가 회장직에서 퇴진하고 전문 경영인인 필립 콜드웰(Philip Coldwell, 1920~2013)이 새 회장으로 취임하면서 포드 자동차는 가족 경영에서 전문경영인의 운영 기업으로 새롭게 거듭나게 된다. 콜드웰 회장은 머스탱 이후 새로운 모델을 개발하지 못하고 경영 조직의 체질 개선에 주력한다.

이어서 1985년에 도널드 피터슨(Donald E. Petersen) 회장이 취임하면서 새롭게 조직 개편을 한다. 1986년에는 전자 연료 분사 장치를 갖춘 2,500cc 4기통 엔진과 3,000cc 6기통 엔진을 탑재하고 전륜구동 방식에 유선형 스타일의 차체를 가진 포드 토러스(FORD TAURUS)와 1991년 포드의 대표적인 SUV(Sport Utility Vehicle)자동차인 포드 익스플로러(FORD EXPLORER)모델을 출시하여 성공적인 인기를 얻으면서 경영 정상화를 이룬다.

포드 자동차는 1958년에 에드셀(Edsel)을, 1985년에는 머쿠르(Merkur) 등의 별도 브랜드를 운영하기도 했으나, 판매에는 성공적이지 못해 각각 1960년과 1989년에 폐쇄한다. 포드는 링컨과 머큐리 외에 일본의 마쓰다와 영국의 애스턴 마틴(Aston Martin)의 지분을 갖고 있다. 포드가 인수했던 재규어와 랜드로버는 2008년 인도의 타타(Tata)모터스에 매각했으며, 2010년에는 볼보를 중국의 저장 질리 홀딩 그룹(Zhejiang Geely Holding Group)에 매각한다. 현재 포드 자동차는 승용차, 트럭, SUV 등의 자동차를 제조하여 판매하는 다국적 기업으로 미시간 주 디어본에 본사를 두고 있으며, 전 세계에 걸쳐서 자동차 생산 기지와 유통업체를 가진 세계적인 미국의 대표 자동차 기업이다. 나아가 디트로이트라는 도시를 자동차산업의 중심지로 바꿔놓은 위대한 기업으로 이름을 남겼다.

2) 헨리 포드의 경영철학 개요

헨리 포드는 유난히 일거리가 많던 농장에서 농부의 아들로 태어났다. 어린 시절 농장의 많은 일들을 겪으며 어떻게 하면 편하게 농사일을 할 수 있을까 고민하여 호기심과 상상력으로 가득한 유년기를 보냈다. 그래서 일상적인 농사일보다는 기계를 다루는 일에 흥미를 많이 가졌다. 당시에 기계장치 중 가장 복잡하고 정밀한 구조를 갖고 있는 시계를 분해하고 조립해 보면서 기계의 구조와 기능을 익히게 되고 어떤 일에나 몰입하는 성격을 지니게 된다. 12살이 되면서 증기 원동기 자동차를 처음 접하게 되면서 농사일을 하는 것보다는 자동차를 만드는 쪽으로 꿈을 갖게 되고 목표를 설정해 나가기 시작했다. 당시 미국에서는 이미 유럽에서 개발된 자동차가 만들어지고 있었고, 넓은 신대륙의 새로운 교통수단의 대안으로 지대한 관심을 끌기 시작한다. 대다수의 사람들이 자동차를 빠른 이동 수단의 도구 또는 경주용으로써 부자들의 기호적인 특별한 기계로 취급하고 있을 때, 헨리 포드는 자동차는 앞으로 대중이 살아가는 데 없어서는 안 되는 교통수단의 필수품으로 정의하기 시작한다. 따라서 그는 이러한 신념으로 누구든지 쉽게 운전하고 관리할 수 있도록 당시 공학기술의 모든 역량을 집결하여 가장 단순하면서도 정밀한 설계대로 추진하고, 최고의 제작 기술자의 힘을 빌어 최선의 소재를 도입하여 가장 완벽한 차를 만들고자 한다. 한편 저렴한 가격으로 생산하기 위하여 표준화된 부품과 제조 공정을 정하고 컨베이어 시스템과 전용 제조공구 등을 사용한 대량 생산의 방식을 도입함으로써 대중의 경제적 요건에 충실하고자 한다.

헨리 포드의 자서전 "My Life and Work"에서 헨리 포드는 창의적인 아이디어의 실천의 가치를 중시하였고, 개인의 안녕이 국가의 안녕에 주체가 됨을 강조하였으며, 모든 사람의 능력이 평등하지 않으므로 능력이 뛰어난 사람이 보통 사람들의 생활을 영위하여야 하는 능력 위주의 차별성을 인식하고 있다. 제품을 생산함에 있어 불필요한 부분을 제거하고 단순화하면 제작비용이 절감된다는 점과 확신있는 연구가 이뤄졌을 때 바로 실행에 옮겨야 함을 강조하였다.

사업으로 형성되는 돈은 버는 목적에 따르는 것이 아니라 서비스의 결과로 얻어지는 것으로 서비스의 정신을 사업에 가장 중요한 모토로 여기고 있다. 낭비와 탐욕이 진정한 서비스의 전달을 막게 되는 것으로 낭비와 탐욕을 없애는 것을 서비스의 기본으로 생각한다. 그는 사업의 원칙으로

첫째, 닥치지 않은 미래를 두려워하고 과거에만 집착하여 보수적인 것만을 지키려는 구태의연한 자세를 버려라.

둘째, 어떤 일을 하는 데 있어서 그 일을 제일 잘 할 수 있는 사람이 그 일을 맡아야 한다는 사고로 자기 일에 충실하게 하고 경쟁에 관심을 두지 말도록 해야 한다.

셋째,사업의 이익은 좋은 서비스의 보상으로 얻어진다는 경영의 정신에 있어서 이익만을 생각하기보다 서비스를 우선으로 해라.

넷째, 제조업은 무조건 싼 값으로 제조하여 비싸게 팔아 이익을 추구하는 것이 아니고 최선의 자재를 구입하여 가능한 한 최소의 비용으로 제품을 소비자에게 공급하는 것이다.

라는 경영철학으로 사업에 있어서 당시 다른 사업인들과는 차별되는 남다른 사업의 진본적 사고를 보여준다.

한편, 헨리 포드가 1902년부터 1903년 자동차회사를 설립하기까지의 사업 시작 전의 과정을 보면, "사업의 주체를 생각하면서, 서비스로 돈 문제를 일보다 우선시하면 그 일을 망치게 되어 서비스의 근본을 망가뜨리기 쉽게 되고, 일보다 돈을 먼저 생각하면 실패에 대한 두려움에 발목이 잡혀, 이 두려움은 사업이 발전할 수 있는 길을 차단하게 되고, 자기 방식만을 고집하다가 결국 앞으론 나아가지 못하게 된다. 따라서 사업의 주체는 서비스로, 서비스를 우선시 하는 사람이 최선을 다하는 것이다."라는 경영철학의 깨달음을 얻는다.

따라서, 포드는 타사와는 남다른 경영 방식으로 기업의 이익 창출에 있어 노동자의 노동 가치를 크게 부여하였고, 동일 업종에서 최고의 임금을 지불하고자 하는 사명을 가졌으며, 기업이 최고의 이윤을 낼 수 있도록 노동자와 경영자의 참신한 협동 정신을 강조한다. 또한 제조업으로서의 생산 비용을 최소화 하면서 제품의 생산 가격을 구매자의 요구에 충족시키고자 노력한다.

또한, 포드는 자동차 산업에 있어서 혁명적인 생산 시스템을 도입한다. 당시에 양산 생산 시스템에 적용되던 컨베이어 시스템을 자동차 생산 라인에 적용함은 물론이고 자동차 한 대를 생산하는 데 필요로 하는 모든 공정에 따라 그 공정에 필수적인 치 공구와 제작 기계들을 공정 순서에 따라 배치함으로써 컨베이어 시스템에 의한 효율적인 생산성이 이루어지게 하였다. 노동자의 노동 강도를 높여가면서 차별화된 생산성을 가질 수 있도록 현장 관리와 작업환경 관리에도 역점을 둔다. 일례로써 작업장에서의 사고를 줄이는 방법 중 주요 사고 원인을

① 결함 있는 구조물들(Defective structures)

② 결함이 있는 기계들(Defective machines)

③ 부족한 공간(Insufficient room)

④ 보호물들의 부재(Absence of safeguards)

⑤ 부정한 조건들(Unclean conditions)

⑥ 나쁜 조명들(Bad lights)

⑦ 나쁜 공기(Bad air)

⑧ 적합하지 않은 복장(Unsuitable clothing)

⑨ 부주의(Carelessness)

⑩ 무지(Ignorance)

⑪ 정신상태(Mental condition)

⑫ 협력의 부족(Lack of cooperation)

등으로 분석하고 작업장에서의 노동자들의 사고를 줄이도록 노력하였다.

포드는 사업을 떠나 일상의 생활에 있어서 인생에 중요한 영향을 준 친구로 토머스 에디슨(Thomas Alva Edison, 1847~1931)과 존 버로스(John Burroughs, 1837~1921)를 언급하고 있다.

당시 최고의 발명가이자 기술자이며 사업기반을 확실하게 갖고 있던 토머스 에디슨은 증기기관에 구동되는 증기 원동기 자동차 대신에 전기모터로 구동되는 전기자동차의 개발을 실현시킨다. 에디슨으로부터 영향을 많이 받은 포드는 에디슨 회사에 근무하면서 기술을 인정받고 중요한 직책을 맡게 된다. 그러나 기계 기술자인 포드는 에디슨의 생각과는 다르게 미래 자동차의 동력원은 당시의 풍부한 석유자원에 의해 내연기관으로 갈 수밖에 없다는 확신을 갖고 독자적으로 연구를 하여 새로운 내연기관을 만들어 낸다. 이러한 포드의 내연기관 연구의 열정을 인정하고 격려해 준 사람 역시 에디슨이다. 두 사람은 나이차가 많았지만 서로의 기술 능력을 인정하고 존중하며 두터운 우정을 쌓아간다. 당대 미국을 대표하는 두 사람의 기술 산업은 전기산업과 기계 산업을 대표하는 자동차 공업 발전에 큰 대들보가 된다. 또한 존 버로스는 자연을 사랑하고 자연환경을 보호하며 자연주의에 애착을 갖은 인물로 당시 기계 문명의 도입으로 날로 발전하여 대량생산을 하는 공장들의 확장을 지켜보면서 자연환경의 파괴를 염려하게 된다. 자동차를 개발하고 자동차 산업을 꿈꾸던 포드도 새를 좋아하고 자연을 즐기는 성격으로 존 버로스와 같은 사상을 갖고 있어 이들은 서로 자연에 대한 공감대를 갖고 우정을 나누게 된다. 포드도 자동차 사업을 시작하며 난발하던 산업 발전이 자연 환경에 미칠 영향에 두려움을 갖게 된다. 그러나 당시 미국 사회는 어쩔 수 없이 기계 문명의 기류를 타고 있었고 미래의 자동차는 자연 속에서 인간과 공존하며 인간의 풍요로운 삶의 가치를 주는 또 하나의 자연물이라는 확신을 갖게 된다. 당시 최고의 기술자이며 사업가인 에디슨과 자연 보호가 이든 존 버로스와는 돈독한 우정으로 자주 자연 속에서 캠핑을 함께 즐기고 포드가 만든 자동차를 소개하고, 운전을 몸소 가르쳐 주면서 서로의 사상을 존중하고 이해하며 우정을 쌓아가게 된다.

2. 포드 자동차의 대표적 모델과 일반적 외형 특성

포드 자동차는 미국의 자동차산업 탄생시기부터 오랫동안 수많은 모델을 개발하고 연대별로 새로운 자동차를 출시한다. 포드 자동차 백 년 역사(The Ford Century)에서 연대별로 가장 인기를 얻은 대표 모델을 소개한다.

1) 1914년 FORD MODEL T

모델 T는 포드 자동차가 1908년부터 양산하기 시작한 대표적인 자동차이다. 1914년도 모델 T는 일체의 한 블록으로 직렬형 4기통의 2,900cc, 14.92kW 출력을 내는 엔진을 탑재하고 최초로 앞 유리창을 설치한 모델이다. 헤드 램프(Head lamp)는 아세틸렌(Acetylene) 가스를 태우는 방식이었으며 다음 년도 생산 모델부터 전기 램프를 사용한다.

[출처:포드 백년사]

[그림 9-4] 1914년 FORD MODEL T

2) 1928년 FORD MODEL A

모델 A는 직렬형 4기통의 3,277cc, 29.84kW 출력을 내는 엔진을 탑재하여 모델 T에 비하여 출력이 크게 향상되었고 외형적으로도 고급스러운 상자형의 보디를 갖으며 트랜스미션(Transmission)의 동력전달 장치 기술이 향상된 모델이다.

[출처:포드 백년사]

[그림 9 - 5] 1928년 FORD MODEL A

3) 1939년 MERCURY EIGHT

머큐리 모델은 V형 8기통, 3,917cc의 대형 엔진으로 70.87kW의 높은 출력을 내는 엔진을 탑재하고 링컨 자동차의 고급자동차 기술과 클레이 모델과 같은 디자인 기술이 도입된 고급형 자동차 모델이다.

[출처:포드 백년사]

[그림 9 - 6] 1939년 MERCURY EIGHT

4) 1941년 LINCOLN CONTINENTAL

링컨 콘티넨털은 미국 자동차 산업에서 유일하게 V형 12기통, 4,785cc, 89.52kW 출력을 내는 엔진을 탑재하고 외부에 스페어 타이어를 설치한 모델이다.

[출처:포드 백년사]

[그림 9-7] 1941년 LINCOLN CONTINENTAL

5) 1948년 FORD F-SERIES

포드 F 시리즈는 V형 8기통, 3,917cc, 74.6kW 출력을 내는 엔진을 탑재하고, 0.5톤에서부터 3톤에 이르는 탑재능력을 갖추었으며 포드 자동차의 트럭시대를 연 모델이다.

[출처:포드 백년사]

[그림 9-8] 1948년 FORD F- SERIES

6) 1949년 FORD

1949년형 모델 포드는 V형 8기통, 3,917cc, 74.6kW 출력을 내면서 개선된 냉각시스템으로 오일 소비를 줄이는 엔진을 탑재하여 대형 모델 A의 전통을 이으며 새로운 섀시의 보디를 갖춘다.

[출처:포드 백년사]

[그림 9-9] 1949년 FORD

7) 1950년 MERCURY

머큐리는 V형 8기통, 4178cc, 82.06kW 출력을 내는 엔진을 탑재하며 젊은층으로부터 인기를 얻게 된다. 제2차 세계대전 후에 바디와 섀시가 새롭게 설계된 자동차로 최초로 비닐 소재의 지붕을 갖게 된다.

[출처:포드 백년사]

[그림 9-10] 1950년 MERCURY

8) 1954년 JAGUAR D-TYPE

재규어 D 타입은 직렬형 6기통, 3,441cc, 182.77kW의 출력을 내는 엔진을 탑재하고 1950년대 자동차 경주대회에서 우승을 차지할 정도로 생산성이 높은 레이싱 전용 자동차이다.

[출처:포드 백년사]

[그림 9-11] 1954년 JAGUAR D-TYPE

9) 1955년 FORD TAUNUS

포드 타우누스는 직렬형 4기통, 1,491cc, 41.03kW의 출력을 내는 엔진을 탑재하고, 독일의 자동차 시장에서 두각을 나타낸다. 전면 헤드라이트 중간에 안개등을 설치하는 디자인이 특징이다.

[출처:포드 백년사]

[그림 9-12] 1955년 FORD TAUNUS

10) 1955년 FORD THUNDERBIRD

포드 썬더버드는 V형 8기통, 4,785cc, 147.71kW의 출력을 내는 엔진을 탑재하고 1950년대 시보레 자동차와 경쟁하던 컨버터블 타입의 자동차이다.

[출처:포드 백년사]

[그림 9 - 13] 1955년 FORD THUNDERBIRD

11) 1956년 CONTINENTAL MARK II

콘티넨탈 마크Ⅱ는 V형 8기통, 6,030cc, 223.8kW의 출력을 내는 엔진을 탑재하고 1950년대 다른 자동차와는 달리 선명하면서도 우아한 라인으로 이색적이며 현란한 스타일의 모델이다.

[출처:포드 백년사]

[그림 9 - 14] 1956년 CONTINENTAL MARK II

12) 1960년 AUSTRALIAN FORD FALCON

오스트레일리아의 포드 팔콘은 직렬형 6기통, 2,359cc, 67.14kW의 출력을 내는 엔진을 탑재하였으며 처음으로 오스트레일리아에서 생산된 자동차이다. 미국과 영국의 부품을 사용하고 미국형 자동차를 현지에 맞게 디자인하여 생산했다.

[출처:포드 백년사]

[그림 9-15] 1960년 AUSTRALIAN FORD FALCON

13) 1961년 LINCOLN CONTINENTAL

1961년 링컨 콘티넨털 모델은 V형 8기통, 7,046cc, 223.89kW의 출력을 내는 엔진을 탑재하고 전년도 모델보다 길이와 무게가 줄어보다 선명하고 고전적인 라인을 갖는 스타일의 모델이다.

[출처:포드 백년사]

[그림 9-16] 1961년 LINCOLN CONTINENTAL

14) 1961년 JAGUAR E-TYPE

1961년형 재규어 E 타입은 포드가 재규어를 인수하여 직렬형 6기통, 3,785cc, 197.69kW의 출력을 내는 엔진을 탑재하고 처음으로 대중적인 자동차로 출시한 스포츠형 모델이다.

[출처:포드 백년사]

[그림 9-17] 1961년 JAGUAR E-TYPE

15) 1962년 FORD CORTINA

포드 코티나는 직렬형 4기통, 1,196cc, 39.538kW의 출력을 내는 엔진을 탑재하여 영국의 포드 자동차에 이익을 준 모델이다. 테일 라이트(Tail light)가 특징이다.

[출처:포드 백년사]

[그림 9-18] 1962년 FORD CORTINA

16) 1964년 ASTON MARTIN DB5

애스톤 마틴은 직렬형 6기통, 3,998cc, 210.372kW의 출력을 내는 알루미늄 소재의 엔진과 보디로 되어 있다.

[출처:포드 백년사]

[그림 9 - 19] 1964년 ASTON MARTIN DB5

17) 1964년 VOLVO 1800S

볼보는 직렬형 4기통, 1,777cc, 80.568kW의 출력을 내는 엔진을 탑재하고 3포인트 안전벨트가 장착되어 고속도로에서 두각을 나타내는 독특한 스타일의 모델이다.

[출처:포드 백년사]

[그림 9 - 20] 1964년 VOLVO 1800S

18) 1965년 FORD MUSTANG

포드 머스탱 V형은 8기통, 4,260cc, 122.344kW의 출력을 내는 엔진을 탑재하고 깔끔한 보디라인과 날씬한 균형을 갖춘 디자인으로 당시에 가장 많이 팔린 자동차이다.

[출처:포드 백년사]

[그림 9 - 21] 1965년 FORD MUSTANG

19) 1968년 FORD ESCORT

포드 에스코트는 직렬형 4기통, 1,294cc, 46.998kW의 출력을 내는 엔진을 탑재하고 유럽의 격렬한 소형 승용차 시장에 출시된다. 포드 자동차에 처음으로 랙크(Rack)와 피니온(Pinion) 기어로 이뤄진 스티어링(Steering) 시스템이 갖춰진 자동차이다.

[출처:포드 백년사]

[그림 9 - 22] 1968년 FORD ESCORT

20) 1969년 MERCURY MARAUDER

머큐리 머라우더는 V형 8기통, 7,030cc, 268.56kW의 출력을 내는 엔진을 탑재한 자동차로 기존의 머큐리에서 1963년도의 머라우더의 이름을 도입한 모델이다. 헤드라이트를 감추는 기능이 특징이다.

[출처:포드 백년사]

[그림 9-23] 1969년 MERCURY MARAUDER

21) 1970년 RANGE ROVER

레인지 로버는 V형 8기통, 3,490cc, 85.79kW의 출력을 내는 엔진을 탑재한 대표적인 스포츠 유틸리티(Sport Utility) 자동차이다. 레인지 로버는 제2차 세계대전 후 가장 우수한 오프로드(Off-Road) 자동차로 알려져 왔다. 1970년형 로버는 증가된 엔진동력과 개선된 현가기술로 고급형 SUV로 자리매김한다.

[출처:포드 백년사]

[그림 9-24] 1970년 RANGE ROVER

22) 1971년 MERCURY CAPRI

머큐리 카프리는 V형 6기통, 2,540cc, 79.822kW의 출력을 내는 엔진을 탑재한 기존의 쿠페(Coupe) 스타일의 카프리에서 긴 후드(Hood)와 해치백(Hatchback) 스타일로 변형된 모델이다.

[출처:포드 백년사]

[그림 9-25] 1971년 MERCURY CAPRI

23) 1986년 FORD TAURUS

포드 토러스는 V형 6기통, 2,999cc, 104.44kW의 출력을 내는 엔진을 탑재하고 공기역학적인 디자인에 심혈을 기울인 자동차이다. 앞 범퍼에 공기가 통과할 수 있게 통로를 만든 것이 특징이다.

[출처:포드 백년사]

[그림 9-26] 1986년 FORD TAURUS

24) 1990년 MAZDA MIATA

마쯔다 미아타는 직렬형 4기통, 1,589cc, 86.536kW의 출력을 내는 엔진을 탑재하고 마쯔다 기술진에 의해 우수한 성능의 기계 부품으로 제작한 모델로 당시 가장 인기있던 스포츠 자동차 중의 하나이다.

[출처:포드 백년사]

[그림 9 - 27] 1990년 MAZDA MIATA

25) 1991년 FORD EXPLORER

포드 익스플로러는 SUV 자동차가 유행하던 시대에 나온 모델로 V형 6기통, 3,998cc, 115.63kW의 출력을 내는 엔진을 탑재한, 포드 자동차의 SUV를 대표하는 모델이다.

[출처:포드 백년사]

[그림 9 - 28] 1991년 FORD EXPLORER

이와 같이 포드 자동차는 미국 자동차 산업 초기부터 수많은 인기 있는 자동차를 출시한다.

개발 초기에는 다른 메이커 차량들의 가격이 2천 달러 수준일 때 포드의 "모델 T"가 800달러라는 파격적인 가격으로 판매되었으나, 차체의 디자인은 다양하지 않았다. 이후 GM의 차량다양화 전략에 대응하기 위해 "모델A"를 시작으로 차체 색상의 다양화와 차량의 용도에 따른 쿠페와 세단 등의 다양한 모델이 나오게 된다.

1930년대에는 전반적으로 차체 구조의 양식이 20세기의 자동차 스타일로 전형적으로 공통된 차량의 모습을 띠며 발전하게 되는데, 이후 제2차 세계대전을 거치면서 정체기를 맞게 된다. 미국은 전승국이 되어 전 세계의 경제와 공업발전의 중심 국가로 발돋움하게 된다. 이러한 미국의 정치, 경제적 변화는 차체 스타일에도 영향을 미치게 되었는데, 1940년대 중반 이후부터 포드를 포함한 미국 메이커들의 차량은 대형화와 아울러 화려한 스타일을 가지게 된다. 또한 엔진의 대형화 추세도 더욱 두드러져 1960년대에 이르기까지 그러한 경향은 경기의 호황시기를 맞으면서 더욱 명백하게 나타난다.

호화스러운 스타일의 경향은 1950년대 후반까지 지속되지만, 1960년대에 와서는 입체적인 조형 스타일이 등장하기 시작한다. 1970년대가 되어 차체 스타일에서는 권위적인 직선화의 경향이 나타나는데, 포드의 차들에서도 수평 또는 격자형 라디에이터 그릴과 커다란 차체로 차량의 존재감을 강조하는 스타일을 볼 수 있다. 한편 대형 엔진을 탑재한 대형 자동차들이 여전히 주류를 이루게 된다.

그러나 1970년대에는 두 번의 오일쇼크를 거치면서 차량의 소형화와 효율증대가 큰 변화 요인으로 작용한다. 또한 유럽 포드를 중심으로 소형 승용차 피에스타의 개발과 공기저항 감소를 위한 연구가 시작된다. 공기저항 감소를 위한 연구와 함께 그 결과를 반영한 콘셉트 카 프로브(Prove) 시리즈가 등장하고, 1980년대 중반에는 에어로다이내믹스(Aerodynamics)를 내세운 승용차 토러스/세이블이 등장하면서 그때까지 주류를 이루고 있던 직선적이고 권위적인 형태의 스타일은 일대 전환점을 맞이한다. 이후 공기역학을 반영한 에어로 폼(Aero - Form)은 포드 자동차의 전형적인 스타일 특성이 된다.

이러한 에어로 폼의 등장은 그때까지 주를 이루던 상자형 중심의 미국의 승용차 디자인을 변화시키는 계기가 되었으며, 이후 포드를 주축으로 하는 기능성 디자인이 주류를 이루게 된다. 그리고 1990년대에 이르러서 유럽의 포드는 감성을 부가하는 새로운 스타일의 뉴 에지 스타일(New edge style)을 선보인다. 그 당시에 새롭게 등장한 카(Ka) 등의 모델에서 보이는 뉴 에지 스타일은 텐션(tension)을 주어 곡면과 선명한 모서리가 공존하는 형태로서, 이러한 유럽형 포드의 뉴 에지 스타일은 감성적으로도 새로운 디자인 표현으로 인식된다.

포드의 차량에서 찾아 볼 수 있는 종합적인 디자인 특징은 대량생산을 하는 브랜드의 특성을 반영하는 양산적인 보편성과 대중성의 의미로 해석될 수 있다.

이것은 디자인 스타일의 특징을 갖기 이전에, 포드 브랜드가 자동차를 통해 지향해 온 대량생산방식을 통한 자동차의 보급이라는 목표를 실천하는 방법이라는 사고의 특성을 갖고 있다. 사실상 이러한 브랜드의 특성에 의해 폭넓은 소비자층을 만족시켜야 한다는 목표를 가지게 되고, 차체 스타일에서 개성보다는 보편성에 더 비중을 두게 되어, 명확한 방향성을 가지는 스타일보다는 합리적이고 쉽게 받아들여지는 스타일을 추구하게 되었다고 볼 수 있다.

한편 차량의 인상을 결정지어 주는 예로 전면 조형 요소인 것으로 대부분의 차에서는 포드의 상징적인 배지를 라디에이터 그릴의 중앙에 배치하는 것이 가장 일반적이다. 라디에이터 그릴 자체의 조형방식으로는 차종별로 다수의 수평 핀(Fin) 형태나 메시 또는 그릴을 설치하지 않고 포드 엠블렘(Emblem)만을 붙이는 패널(Panel) 형태, 그리고 메시(Mesh) 형태 등으로 다양하게 변화되고 있다. 따라서, 승용차를 중심으로 하는 유형과 트럭이나 SUV를 중심으로 하는 유형으로 구분해 볼 수 있는데, 북미와 유럽 포드가 발매하는 승용차 중심의 디자인 특징에서 라디에이터 그릴에 메시(Mesh) 형태를 쓰기 시작하는 것이다.

[그림 9 - 29] **수평형 라디에이터 그릴 중앙에 표시된 포드 로고**

초기의 포드가 라디에이터 그릴에서 메시의 형태를 사용한 기원을 포드 최초의 대량생산 차량이었던 모델 T와 그 이후 모델 A의 라디에이터 그릴에서 보여주고 있다. 초기의 모델 T는 라디에이터 외부에 어떤 메시지가 없이 라디에이터의 코어(Core)가 그대로 노출된 형상도 보이고, 후기의 모델 T와 모델 A에서도 라디에이터에 코어를 보호하기 위해 메시 그릴을 사용하고 있음을 보인다.

사실상 포드의 전면 조형은 초기의 T형 모델을 제외하고는 과거로부터 현재까지 명확하게 독특한 특징을 갖는 유형으로써 지속적으로 존재하지 않고 있다고 볼 수 있다. 그러나 일정한 기간 동안 사용되는 라디에이터 그릴의 유형이 대부분의 포드 차량들에서 서로 유사하게 변화하는 모습을 보여주고 있는데, 그릴 기둥이 가로로 배치되어 중앙에 포드 로고를 장착한 모양의 패밀리 페이스를 갖고 동일한 시기에 개발되어 판매되는 차량들의 특징적 유사성으로 나타나고 있는 것이 가장 인상적이다. 따라서 시기를 달리하여 생산되는 포드의 차량들을 비교해보면, 각 시기별 그룹이 갖는 디자인의 특징적 유사성은 다른 자동차의 브랜드에 비해서 상대적으로 적다고 볼 수 있다.

CHAPTER

10

자동차 기술의 인간화

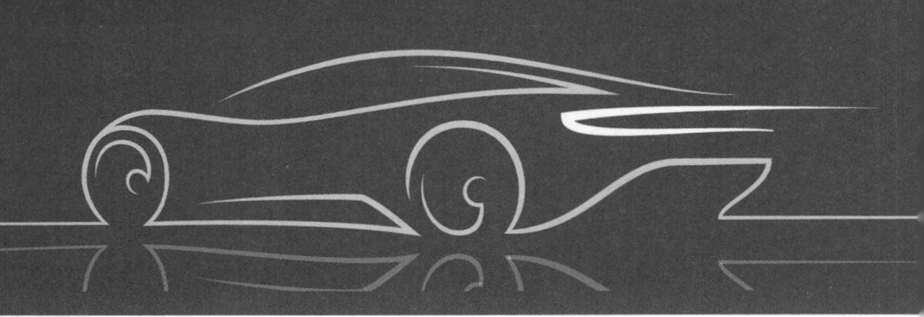

1. 자동차의 지능화 기술

2. 스마트 자동차 기술의 발전

3. 고령화 사회에 요구되는 자동차 기술

   - 고령자를 위한 자동차(Elderly Vehicle)

4. 자동차의 안전 기술

21세기의 첨단 기술 체계는 IT(Information Technology), BT(Bio – Technology), NT(Nano – Technology), ST(Space – Technology), ET(Environment – Technology), CT(Culture – Technology) 기술의 융합적용으로 또 다른 새로운 응용 기술을 창조하여 미래지향적 융합 기술 산업 발전 전략을 추구하고 있다. 그 중에서도 첨단 기계 시스템을 갖춘 자동차가 인간친화적 기술 요소를 적용하여 개발되고 있다. 특히 자동차 분야에 가장 빠르게 적용되고 있는 기술 분야는 전자, 정보, 즉, IT 산업의 기술 융합이라 할 수 있다. 기술의 보수성이 강하고 라이프 사이클이 긴 특성을 갖고 있어 비교적 보수적인 성격을 지닌 자동차 산업체는 환경이 급진적으로 변화하는 IT 신기술을 채용하는 데에 많은 장벽이 따를 것이다. 그러나 고객이 선호하는 자동차의 주행 안전, 쾌적한 환경, 차 내의 개인 오피스화를 추구하기 위해 자동차 업체와 IT업체 및 소프트웨어(SW) 사업자 등이 전략적 협력관계를 맺고 관련제품의 상용화를 가속해 나가고 있다. 특히 미래 자동차 시스템에서 강조되고 있는 교통사고의 주행 안전 문제는 더욱 강화될 것이고, 운전자 편의성의 요구는 더욱 심화될 것이다. 이를 해소할 수 있는 인간친화형 자동차 산업은 지능형 교통체계 또는 차량정보센터와 연동하여 교통 효율을 개선하는 방법을 찾아가고 있다. 이를 위하여 IT 산업의 정보 및 전자화된 기술 융합으로 새로운 방법을 모색해가고 있다.

1. 자동차의 지능화 기술

위치 측정시스템(GPS)과 이동통신망을 이용해 IT 기술을 기반으로 하는 미래 자동차의 지능화 기술은 운전자와 탑승자에게 교통 안내, 긴급구난, 원격차량 진단, 인터넷 등이 가능한 소위 유비쿼터스를 구현하면서, 자동차 안의 무선 데이터 통신서비스를 갖춰 가고 있다. 무선데이터를 이용하는 현재의 지능형 자동차 기술의 주요 안전장치로는

① 운전자의 신체 상황을 관찰하여 자동으로 운전자에게 경보하는 졸음 운전 감지 및 대처 장치

② 자동차 후방의 시각사각지역의 정보를 알려주는 후방 사각안내 및 카메라 장치

③ 전방도로 굴곡에 따라 자동적으로 전방의 시야를 확보해 가는 움직이는 전조등

④ 차선을 이탈할 경우 경고 및 조향조정을 지원하는 탈선경보, 방어 시스템

⑤ 전방의 저속차량에 반응하여 추돌을 예방하는 추돌 예방 레이더

⑥ 충돌 시 보행자의 충격을 완화시키는 외장 에어백

⑦ 야간 운전 시 전방의 장애물을 감지하는 적외선 야간 투시기능

⑧ 차량의 주행 안전성을 제고한 섀시 제어시스템

⑨ 차량 충돌 전에 사고 예방을 위한 통합 충돌 안전시스템

⑩ 일렬 주차를 가능하게 하는 완전 자동 주차기능

등이 개발되어 일부 차종에 적용되어 가고 있으며, 앞으로도 수요자의 요구에 따라 새로운 지능화 기술 제품의 채용이 모색되어질 것이다.

2. 스마트 자동차 기술의 발전

현재 진행되는 텔레매틱스 기술의 차량 운행 시스템은 영상이나 전자기파 등의 기술을 이용해 특정 지점에서 차량 통과 시 차량을 물체로 인식하고 해당 차량의 주행정보를 획득하는 일종의 지능형교통시스템(ITS)이다. 앞으로는 차량과 도로 간 통신(V2I) 및 차량과 차량 간 통신(V2V)을 의미하는 V2X 기술 곧, 차량이 주행하면서 도로 인프라 및 다른 차량과 지속적으로 정보를 주고 받으면서 자동차 주변의 물체를 인식하는 개념을 적용할 것이다. 이것은 차량 간에 전방 사고 발생 유무나 추돌 경고의 정보를 알려 줄 수 있고, 실시간의 도로 교통 상황을 교류하여 신호대기 제어 등, 차선 유도에 의한 교통을 원활하게 운행시킬 수 있다. 궁극적으로는 교통사고 유발의 빈도를 줄일 수 있는 대책을 강구하는 것이 목표이다.

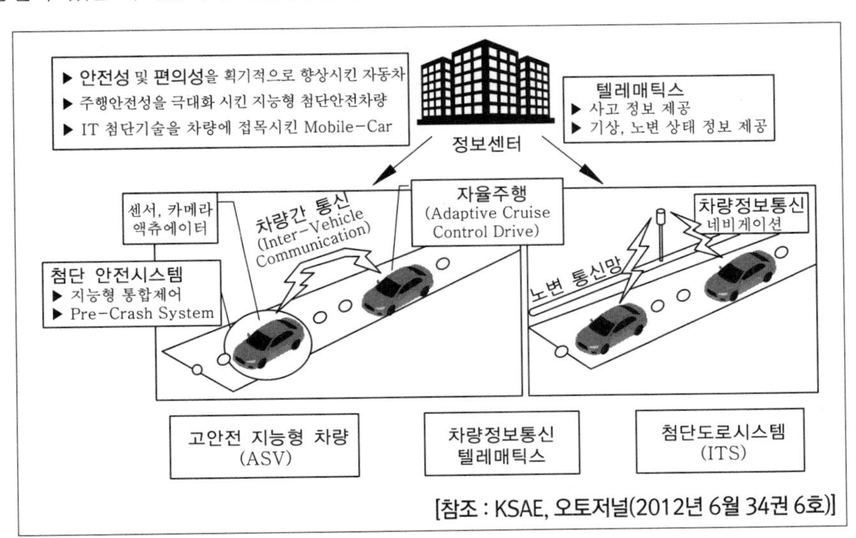

[참조 : KSAE, 오토저널(2012년 6월 34권 6호)]

[10-1] **텔레매틱스 기술의 지능형 자동차 운행 시스템**

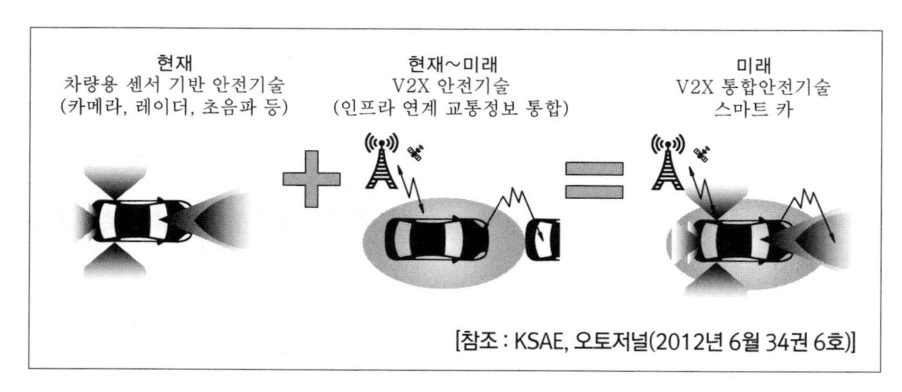

[그림 10 - 2] **텔레매틱스 기술의 지능형 자동차 운행 시스템**

3. 고령화 사회에 요구되는 자동차 기술 - 고령자를 위한 자동차(Elderly Vehicle)

세계 선진국 중에는 급진적으로 노령화 인구 분포가 높아지는 나라가 많이 있다. 우리나라도 그 중의 하나로 노령화 속도가 빠르게 진행되고 있다.

인구 통계청 자료에 따르면 2000년에 7%였던 노인 인구 비율은 2026년에 20%를 넘어서고 2050년에는 40% 이상을 차지할 것으로 예측하고 있다. 이렇게 고령화 사회가 될수록 현재 자동차를 운전하고, 기계시스템을 다루는 인간의 능력이 저하하여 교통사고를 유발할 가능성이 높아지게 된다. 특히 고령 운전자에게 나타날 수 있는 문제로 신체적 기능과, 청각 기능, 시각 기능, 인지 기능, 기계를 다루는 기술 습득의 기능이 급격히 감소하게 될 수 있다. 예를 들어 급작스럽게 발생하는 위급 상황에서 돌발 상황을 인지하여 즉시 브레이크 페달을 밟는 민첩성의 부족 현상이 생길 수 있다. 따라서 고령자를 위해서는 고령자의 신체 조건들을 감안하여 자동차를 설계하여야 한다. 시력감퇴, 인지반응의 저하, 신체 구조 및 기능의 저하가 있는 고령자에게 적합한 자동차, 즉 고령자용 자동차(Elderly Vehicle)를 개발할 필요성이 요구된다.

이에 주요 과제로는

① 고령 운전자 및 탑승자 보호 분야의 시스템 개발

② 고령자 친화적 보호 장구 설계기준 개발

③ 고령 운전자의 안전장치 평가절차 및 기준 개발

④ 고령 운전자의 생체특성 표준화 개발

⑤ 고령 운전자 지원 시스템 기술 개발

⑥ 사고위험 감지 및 지원 장치 시스템 개발

등의 대책이 요구된다.

4. 자동차의 안전 기술

자동차 안전에 관한 연구는 1960년대 미국의 GM이 처음으로 회사 내에 자동차 설계의 인간적 요인들(Human Factors) 부문을 설립하고 인간공학(Ergonomics)적 기술을 자동차에 적용하면서 안전기술 연구가 급속도로 발전하게 된다.

1966년 미국 의회에서는 자동차 운행에 대한 관리법으로 "전미 교통 및 자동차안전법"을 성립하여 공표한다. 이후 자동차 안전에 따르는 사회적 요구에 따라 자동차의 내장 및 외장 부품 설계에서 마케팅 니즈들의 시각적인 부분만 고려하는 지금까지의 디자인 조건으로부터 보다 안전성에 비중을 가중시키는 방향으로 디자인 변화가 일어난다.

1970년대부터는 자동차의 설계 분야에 있어서 인간의 육체적 특성을 고려한 더미(Dummy)의 사용 등과 같이 인간공학 도구를 디자인 프로세스에 구사해서 표준 체격의 운전자나 승객의 안전을 고려한 수용하는 시험 방법이 채용되어 검토가 이루어진다. 따라서 세계적으로 표준 안전 실험차(ESV ; Experimental Safety Vehicle)를 통해 안전성 검증이 이뤄지게 되고, 자동차 메이커는 차량 충돌 시 내구 특성이 차량 중량에 따라 다르기 때문에 차종에 따라 보다 정밀한 검증을 위해 중량별 안전 실험차의 개발이 불가피하게 된다.

[출처 : 자동차 안전연구원]

[그림 10 - 3] **충돌 안전 시험에 사용되는 각종 더미들**

한국 내에서도 1999년부터 자동차의 안전성을 평가하기 위해 각종 승용 자동차의 충돌시험 등 자동차안전도 평가(KNCAP)를 실시하고 있다. 또한 자동차 안전도 평가에 대한 정보를 소비자들에게 제공함으로써 제작사로 하여금 보다 안전한 자동차를 제작하도록 유도하여 교통사고로 인한 인명 피해를 줄이는 업무를 교통안전공단 자동차안전연구원(KATRI)에서 실시하고 있다.

자동차안전도평가 항목은 1999년 정면충돌안전성 평가(3 차종)를 시작으로 정면충돌안전성, 부분정면충돌안전성, 측면충돌안전성, 좌석안전성, 보행자안전성, 기둥측면충돌안전성, 주행전복안전성, 제동안전성, 사고예방안전성 등 자동차 안전 기술과 더불어 전기, 전자 등 첨단 기술이 융합된 첨단안전장치를 평가하는 사고예방안전성 평가항목이 확대되어, 이 결과로 보다 많은 자동차에 사고예방장치가 장착되어 사고를 예방하도록 유도하고 있다.

1) 안전규제와 관련법규

한국에서도 교통안전공단, 국립환경과학원 등을 설립하고 교통안전 및 배기환경의 사회적 문제에 만전을 기하고자 하는 노력으로 각종의 인증 시험을 수행하고, 국가적으로 자동차 운행에 따르는 각각의 안전규제와 관리, 환경, 검사, 등록, 세제 등 관련 법규를 시행하고 있다. 2015년 기준으로 자동차(특장차 포함) 제작 · 운행에 따른 관련 법규를 소개하면 [표 10-1]과 같이 일반 자동차에서는 자동차관리법, 대기환경보전법, 소음진동규제법, 각 자치단체의 자동차관리법 등이 적용되고, 고소작업을 전용으로 하는 자동차에서는 산업안전보건법이 추가 되고 특히 소방 목적의 자동차에는 소방법이 추가되며, 고압가스 탱크로리의 자동차는 고압가스 안전관리법이 추가된다. 덤프트럭과 같은 건설 장비에서는 자동차관리법 대신에 건설기계관리법과 도로법에 준하게 된다. 그 외에도 자동차는 각종 세법에 따라 적용된다.

[표 10 - 1] **자동차(특장차 포함) 제작 · 운행에 따른 관련 법규 [2015년 현재]**

(1) 일반 자동차

관련법규	행정업무	관련기관
자동차관리법	기술검토, 안전검사	국토부(KATRI)
대기환경보전법	배출가스 인증	환경부(국립환경과학원)
소음진동규제법	소음 인증	환경부(국립환경과학원)
자동차관리법	자동차 등록	각 시 · 도 등록관청

(2) 고소 작업차

관련법규	행정업무	관련기관
자동차관리법	기술검토, 안전검사	국토부(KATRI)
산업안전보건법	위험기계 안전인증 검사	고용노동부(산업안전협회)
대기환경보전법	배출가스 인증	환경부(국립환경과학원)
소음진동규제법	소음 인증	환경부(국립환경과학원)
한국전력 제작규격	한국전력 자체검사	한국전력
자동차관리법	자동차 등록	각 시 · 도 등록관청
자동차관리법	자동차 등록	각 시 · 도 등록관청

(2-1) 소방차

관련법규	행정업무	관련기관
자동차관리법	기술검토, 안전검사	국토부(KATRI)
산업안전보건법	위험기계 안전인증 검사	고용노동부(산업안전협회)
대기환경보전법	배출가스 인증	환경부(국립환경과학원)
소음진동규제법	소음 인증	환경부(국립환경과학원)
소방법	소방형식 검정 (전문 검사기관 조달 규격에 의한 각 항목별 검사 실시)	한국소방산업기술원
-	의뢰자 자체검사	제작 의뢰자
자동차관리법	자동차 등록	각 시 · 도 등록관청

기술검토는 "제작된 자동차"가 "자동차안전기준"에 적합한지 여부를 서류로 확인하는 행위임. 즉, 일반 승용차의 경우는 제작자는 충돌 기준 등 총 40개 시험항목이 만족됨을 증명해야 함.

(2-2) 소방차(군용)

관련법규	행정업무	관련기관
산업안전보건법	위험기계 안전인증 검사	고용노동부(산업안전협회)
대기환경보전법	배출가스 인증	환경부(국립환경과학원)
소음진동규제법	소음 인증	환경부(국립환경과학원)

관련법규	행정업무	관련기관
소방법	소방형식 검정 (전문 검사기관 조달 규격에 의한 각 항목별 검사 실시)	한국소방산업기술원
–	국방규격 검사 실시 (국방차에 한함)	국방부 (국방기술품질원)
–	의뢰자 자체검사	제작 의뢰자
자동차관리법	자동차 등록	각 시 · 도 등록관청

※ 「군수품관리법」에 따른 차량의 경우 자동차관리법의 적용이 제외되는 자동차로서 기술검토, 안전검사 대상이 아님

(3) 덤프트럭 등(건설기계)

관련법규	행정업무	관련기관
건설기계관리법	형식승인, 형식신고 확인검사	국토부(KATRI)
도로법 (대형건설기계)	운행에 따른 도로법 저촉여부 검토(분해 운송방법 등)	국토부(KATRI)
대기환경보전법	배출가스인증	환경부(국립환경과학원)
소음진동규제법	소음인증	환경부(국립환경과학원)
–	의뢰자 자체검사	제작 의뢰자
건설기계관리법	건설기계 등록	각 시 · 도 등록관청

(4) 고압가스 탱크로리

관련법규	행정업무	관련기관
자동차관리법	기술검토, 안전검사	국토부(KATRI)
고압가스 안전관리법	용기 등의 검사	한국가스안전공사(KGS)
대기환경보전법	배출가스 인증	환경부(국립환경과학원)
소음진동규제법	소음 인증	환경부(국립환경과학원)
자동차관리법	자동차 등록	각 시 · 도 등록관청

※ 참고자료

관련법규	행정업무	관련기관
관세법	수입 과정	통관세
개별소비세법	구매과정	개별소비세
교육세법		교육세
부가가치세법		부가가치세
지방세법	등록과정	취득세
지방세법		등록세
도시철도법		공채
지방세법	소유과정	자동차세
개별소비세법 (교통 · 에너지 · 환경세법)	운행과정	유류개발소비세 (교통 · 에너지 · 환경세)
교육세법		교육세
지방세법		주행세
부가가치세법		유류부가세

CHAPTER

11

미래 자동차 기술의 변화

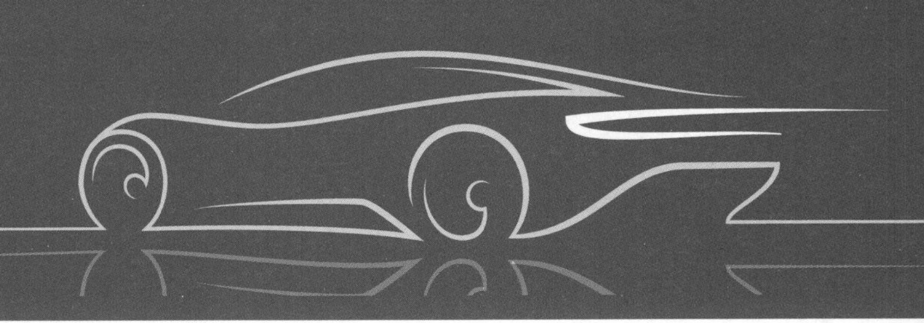

1. 향후 요구되는 자동차 기술

향후 십수년 간에 요구되는 자동차 기술에는 지구 환경, 지역 환경에 대한 대응과 안전운전을 지원할 수 있는 사항이 필수조건이다. 그 외에는 대체 에너지의 개발, 새로운 원동기, 연료전지 등을 이용한 신 엔진 개발이 필요하다. 또 안전운전을 위해 자동차 자체만이 아니라 자동차와 자동차 간의 통신, 자동차도로에서의 통신이나 위성을 이용한 통신 기술이 구사되고 있다. 궁극적으로는 자동차의 인공지능화 기술이 극대화 될 것이다. 21세기에 있어서도 자동차가 물류수송의 수단이 될 수밖에 없다. 반면에 사람이나 환경에 악영향을 주면서 존재하는 것은 허용될 수 없다. 따라서 자동차 기술을 대하는 사회의 요구는 크게 아래 4가지 관점에 준하게 될 것이다.

1) 에너지 유효 이용기술

유럽에서는 CO_2 문제의 대응으로 가솔린 자동차의 소형화, 디젤화가 이미 촉진되었고, 3L자동차의 개발 역시 진행되고 있다. 지구온난화 대책에 병행하여 에너지 문제에 대응하기 위해서는 100km를 가는데 3L의 연료를 필요로 하는 3L 자동차를 극복할 초저연비 성능이 요구되며 배출가스 대책도 동시에 행해지지 않으면 안 된다. 따라서 배출가스 저감과 연비 향상 양립이 기술 과제라 할 수 있다.

21세기 후반에는 석유가 사용되지 않을 가능성이 있고 그때를 위해 석유대체에너지 자동차의 개발도 필요하다. 연료 전지 자동차의 연료로서 메탄올, 천연가스, 수소 등의 석유대체에너지가 검토되고 있다. 연료전지 자동차의 보급은 탈석유 에너지의 개발에도 공헌될 것이다. 그러나 이 기술이 실현될 때까지는 하이브리드 자동차 기술이 실현되어 상당기간 보급될 것이다. 한편, 디젤 엔진에 있어서는 GTL(Gas to Liquid)이 바이오경유 DME(Diesel Methyl Ether)의 개발이 행해지고 있고, 21세기 전반에는 장래의 에너지 개발 방향이 확실히 정해질 것으로 기대된다.

2) 환경보전에 관계되는 기술

유럽에서는 승용차의 50% 이상이 직접 분사식 디젤엔진을 탑재하고 있다. CO_2 삭감이 그 이유인데 동력 성능도 가솔린과 비교해서 손색이 없다. 또, 배출가스 저감 대책기술개발도 진전되고 있다. 일본이나 우리나라에서는 디젤 승용차의 비율이 극히 낮지만 CO_2의 배출량을 절감하기 위해서는 디젤화가 필수가 될 것이다. 이를 위해서는 NOx, PM의 동시저감기술의 환경기술 개발이 절대적으로 필요하게 되고, 가솔린차와 동등의 동력성능의 유지가 요구된다.

지금까지의 배출가스 규제에 더해서 배출농도는 낮지만, 장기간 흡입하면 인체에 영향을 미치지 않을까 우려하는 미량의 유해오염 물질의 배출에 관한 논의가 거론되고 있다. 현재 벤젠, 1.3 부다티엔, 프롬아세토 알

데히드, BaP가 논의 대상이 되고 있는데 분석기술의 향상에 반해서 지금까지 문제로 거론되지 않던 극미세 물질이 앞으로 논의 대상이 될 것으로 예측되어, 환경문제는 차후에도 계속 논의될 것으로 본다.

3) 교통안전에 관계되는 기술

21세기의 자동차 산업에 있어서는 고령자의 신체능력을 지원하는 실버 운전자 지원 시스템이나 보행자 보호대책의 기술개발이 기대된다. 이들의 대책으로서 각종 감지 장치의 발전이 보다 진전될 것이다.

자동차가 놓인 상태나 드라이버의 상태를 판단하여, 사고를 방지할 수 있는 기술이 기대된다. 특히 ITS(Intelligent Transportation Systems)는 사람과 도로 및 자동차들 사이의 정보 통신기술에 따라서 안전성, 수송효율, 쾌적성의 향상 및 환경의 개선에 공헌할 것으로 기대된다. 한편, 자동차의 고지능화에 따라서 드라이버의 기량뿐만 아니라 그때의 드라이버의 상태와 의지를 판단하면서 최적의 운전지원이 가능하게 될 것이다. 운전지원의 기본은 지각, 인지, 판단, 조작을 각각 지원하는 것이며 지각의 지원에는 눈이나 귀에 대체하는 외계환경을 인식하기 위한 센서와 액츄에이터 및 ECU(Electronic Control Unit)의 신뢰성 향상이 주 기술이 될 것이다.

4) 정보화에 관계되는 편의성 기술

정보화 기술은 단순한 길안내의 기능만 되는 저가용의 내비게이션에서부터 점차 다양한 정보를 제공하는 대용량의 다양한 엔터테인먼트 기능을 가진 내비게이션 제품이 출시될 것이다. 이와 더불어 내비게이션 기능을 장착한 위성 DMB(Digital Multimedia Broadcasting) 단말기 시장도 본격적으로 커질 것으로 예상되고 있다. 현재 단말기 제조사들도 지상파 DMB 기능을 접목하여 운전자들이 요구하는 엔터테인먼트 수요를 마케팅에 활용할 것이고 자동차 오디오 시장에서도 한 가지 제품에 다양한 기능을 수행할 수 있는 종합 정보 시스템 기술이 요구될 것이다.

2. 지속되는 미래의 자동차

1) 미래형 내연기관 자동차

미래에도 상당 부분의 자동차는 내연기관에 의존해 발전되어 갈 것이다. 자동차의 내연기관은 새로운 사이클로 작동되며 열관리를 최적화하여 열효율 향상을 높이는 쪽으로 개발될 것이다. 또한 대기 환경에 대한 대책으로 배기가스 정화를 위한 촉매 개발 등 엔진 연소의 후처리 기술과 에너지 대책의 일환으로 바이오 연료 등의 새로운 대체 연료 연소 엔진의 개발이 촉진될 것이다.

최근의 내연기관 자동차의 새로운 주요 과제들은

① 2단 터보 과급기술(2 - Stage Turbocharger)로 엔진의 고출력화

② 고압분사 시스템(High Pressure Common Rail Injection System)에 의한 연소기술

③ 열관리 시스템(Thermal Management)의 종합적인 자동차 에너지 효율 향상

④ 배기열 회수 시스템(Exhaust Thermal Energy Recovery)에 의한 효율 향상

⑤ 복합 EGR 시스템(Dual Loop EGR System)의 연소 환경기술

⑥ 엔진 사이즈 감축 기술(Engine Down Sizing & Down Speeding)에 의한 최적의 엔진 설계

⑦ 정지 · 출발 자동제어 시스템(Auto Start and Stop Function;ISG, Idle Stop and Go)과 전기에너지 관리 시스템(Electric Energy Management System)에 의한 자동차 연비 향상 기술

⑧ SCR 촉매 개발(Selective Catalytic Reduction;SCR)과 질소 산화물 저감 촉매 개발(Lean NOx Trap;LNT)에 의한 배기 환경기술을 갖춘 신 환경규제용 배기시스템 개발(Combined After Treatment System)이다.

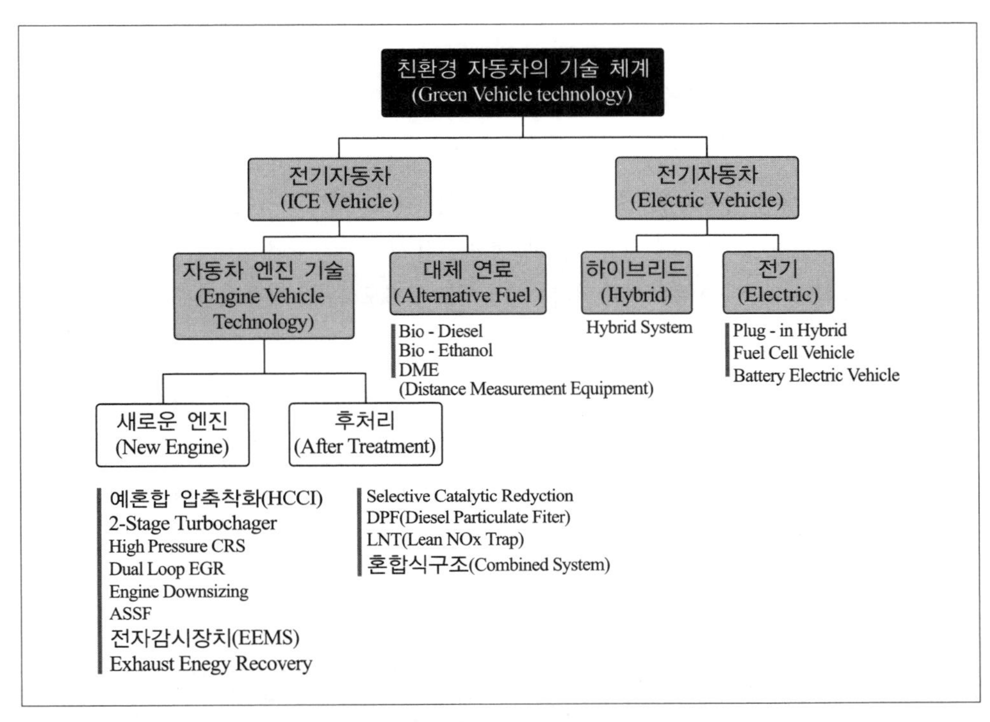

[그림 11 - 1] **친환경 자동차의 기술 체계**

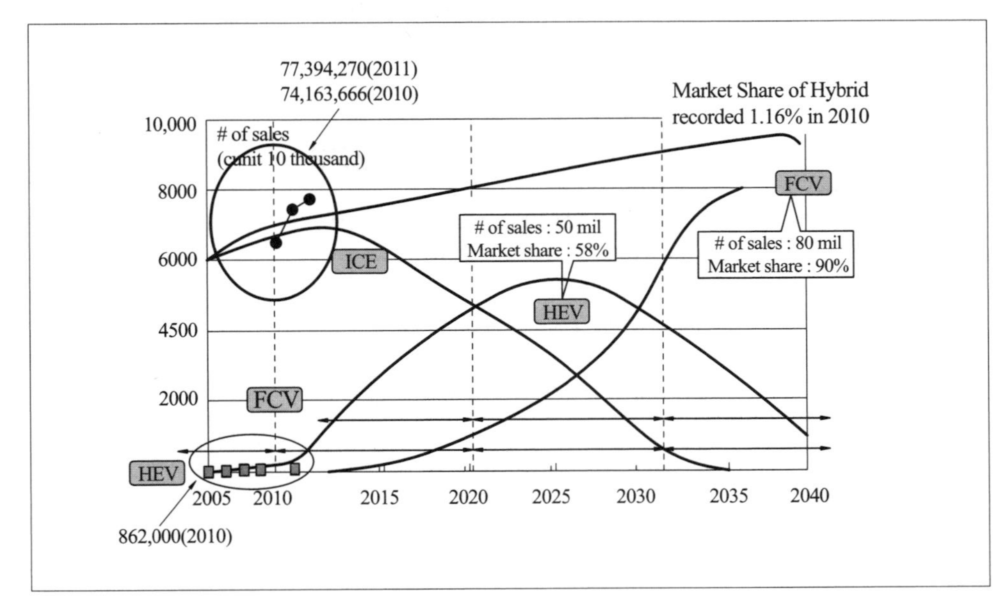

[그림 11 - 2] **각종 미래 자동차 수요 예측**

2) 하이브리드 자동차

하이브리드 자동차란 두 가지 이상의 동력원을 사용하는 자동차를 말한다. 대표적으로 내연기관과 전기모터를 사용하는 방법이 하이브리드 자동차에 적용되고 있다.

전기, 휘발유 등 두 종류 이상의 동력원을 사용할 수 있는 하이브리드 자동차는 엔진과 모터의 장점을 효과적으로 사용하여 종합적인 효율 향상을 꾀하고, 정속 운전 시 모터가 작용되고, 가속이나 고속 운행 시 엔진이 작동되는 방식과 엔진을 이용하여 배터리를 충전하고 전기모터만을 사용하여 주행하는 직렬식 그리고 모터, 엔진을 동시에 사용하여 구동하는 병렬식으로 구분한다.

모터가 자동차 구동에 필요한 동력의 한쪽을 담당하기 때문에 연료소비량도 그만큼 줄일 수 있다. 그리고 기존 자동차 엔진과 전기모터를 조합하여 운전 상황에 따라 적절하게 제어함으로써 엔진만을 사용할 때보다 배출가스 공해를 저감할 수 있고 외부충전식 전기자동차와 같은 1회 충전 시 주행거리의 제한이 없다는 장점을 갖는다.

[표 11 - 1] **하이브리드 자동차 구동방식**

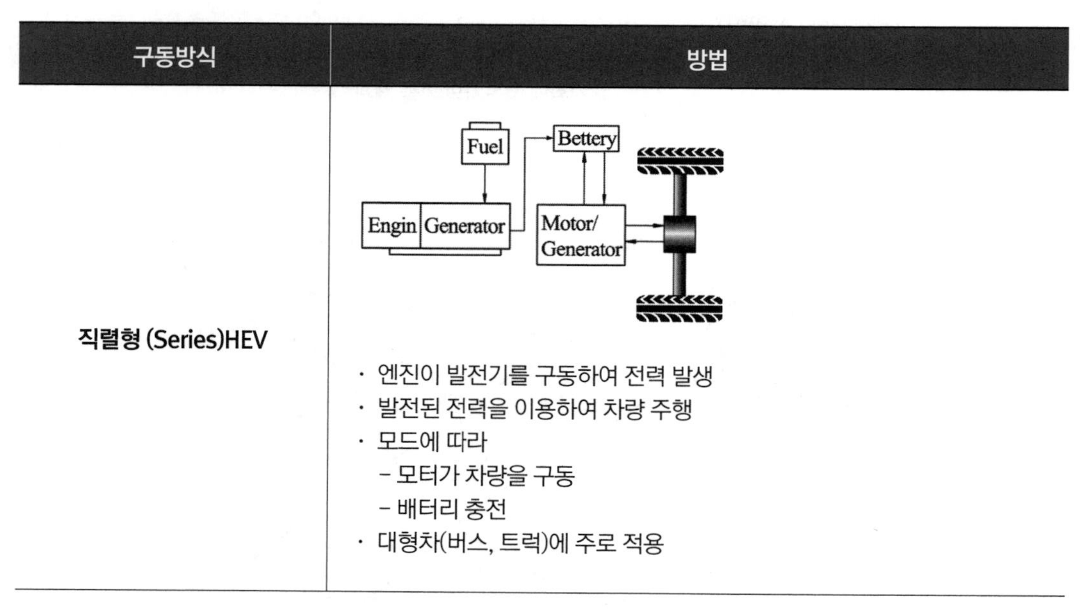

구동방식	방법
직렬형 (Series)HEV	· 엔진이 발전기를 구동하여 전력 발생 · 발전된 전력을 이용하여 차량 주행 · 모드에 따라 　- 모터가 차량을 구동 　- 배터리 충전 · 대형차(버스, 트럭)에 주로 적용

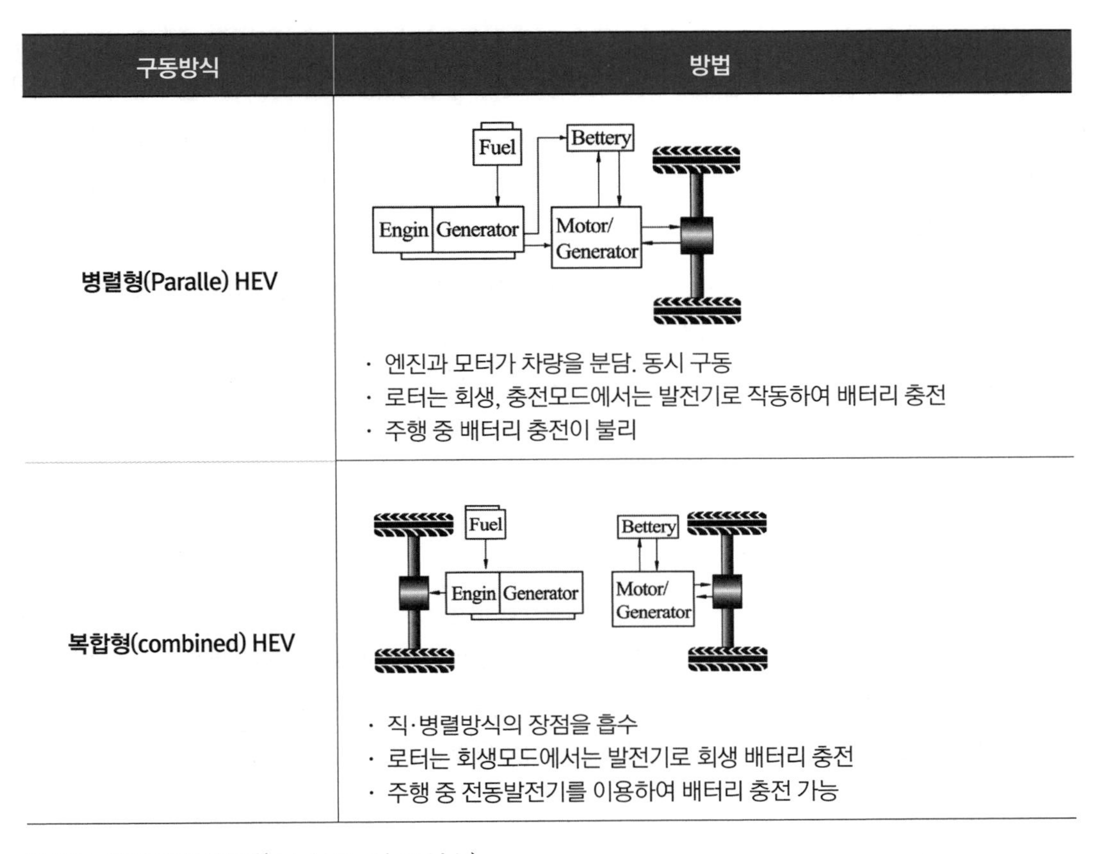

구동방식	방법
병렬형(Paralle) HEV	Fuel, Bettery, Engin, Generator, Motor/Generator · 엔진과 모터가 차량을 분담. 동시 구동 · 로터는 회생, 충전모드에서는 발전기로 작동하여 배터리 충전 · 주행 중 배터리 충전이 불리
복합형(combined) HEV	Fuel, Engin, Generator, Bettery, Motor/Generator · 직·병렬방식의 장점을 흡수 · 로터는 회생모드에서는 발전기로 회생 배터리 충전 · 주행 중 전동발전기를 이용하여 배터리 충전 가능

※ HEV : 하이브리드 자동차(Hybrid Electric Vehicle)

3) 수소연료 자동차

수소에너지는 미래의 청정에너지원 가운데 하나로 연소 시 극소량의 질소가 생성되는 것을 제외하고는 공해물질이 배출되지 않으며, 원료면에서 가장 자원이 풍부한 물질이다.

수소에너지의 생산방법으로는 천연가스에 포함된 메탄의 수증기를 니켈 촉매에 반응하면서 수소와 일산화탄소로 분해하는 개질법이 있으며, 물에 1.75V 이상의 전류를 흘려서 양극에서 수소가, 음극에서 산소가 발생하도록 하는 전기분해법, 석탄의 가스화 공정이나 원유의 정제과정, 황산 · 취화철 화학공정 등에서도 수소를 얻을 수 있다.

수소는 재순환이 가능하고 환경에 미치는 영향이 적은 장점으로 세계 각국에서 다양한 용도로 사용하기 위해 연구가 진행되고 있다. 자동차의 경우 수소를 내연기관의 연료로 직접 사용하는 방법과 연료전지에 사용하여 전기에너지를 얻는 방법으로 두 가지 방향의 연구가 진행되고 있다. 수소는 2원자 분자로서 배기가스 중의 NOx를 제외한 나머지는 대부분 물로 구성되어 다른 연료에 비하여 배기가스에 의한 대기오염이 거의 없다는 큰 장점을 가질 뿐만 아니라, 탄소성분을 함유하지 않으므로 CO_2 증가에 의한 지구의 온실효과를 방지할 수 있는 장점을 가지고 있다.

현재 수소를 저장하는 방식에는 물리적으로 압축해 고압상태에서 저장하는 고압수소탱크, 극저온상태에서 저장하는 액체수소탱크, 특수금속의 가역반응을 이용한 금속수소화물(Metal Hybride)탱크 등이 있다. 경제성이 높은 수소자동차를 위한 저장 매체는 지속적으로 연구되고 있으며 수소를 동력에너지로 변환하는 기술력의 확보와 안정성, 경제성, 내구성의 만족도를 충족시키는 수소자동차의 생산기술에 대한 연구가 활발히 진행되고 있다.

4) 수소 연료전지 자동차

연료전지 자동차는 차세대 자동차 동력원의 핵심으로 떠오르고 있다. 연료전지 자동차는 내연기관자동차의 동력변환장치에 해당하는 기존 엔진을 대체하는 연료전지를 이용하여 전기를 발생시켜 모터를 구동시키는 방식이다. 연료전지는 수소와 산소의 전기 화학반응에 의해 직접 전기를 얻기 때문에 내연기관이 갖는 연소배출가스의 문제를 갖지 않는다. 한편, 연료전지에서 필요로 하는 수소를 어떻게 값싸게 생산하느냐가 과제로 떠오르고 있다.

연료전지의 종류는

① 고분자 전해질 연료전지(PEMFC)

② 인산 연료전지(PAFC)

③ 알칼리 연료전지(AFC)

④ 직접 메타놀 연료전지(DMFC)

등이 있으며 연료전지 자동차에는 출력밀도, 상온 작동성, 내충격성, 수명 등이 우수한 고분자 전해질 연료전지(PEMFC)를 사용하고 있다.

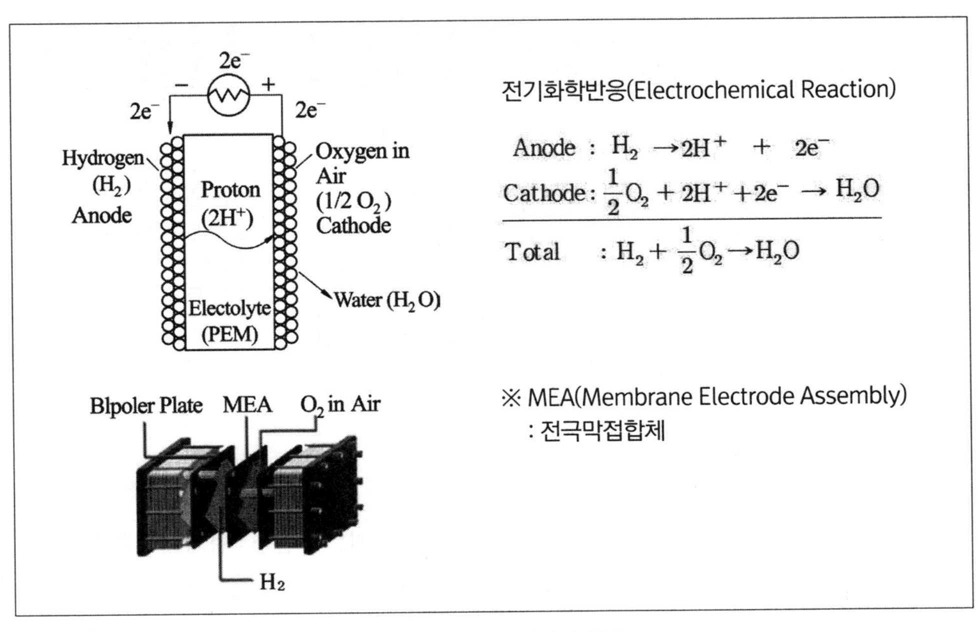

[그림 11-3] **연료전지의 이론**

[표 11-2] **연료전지자동차의 구성 종류**

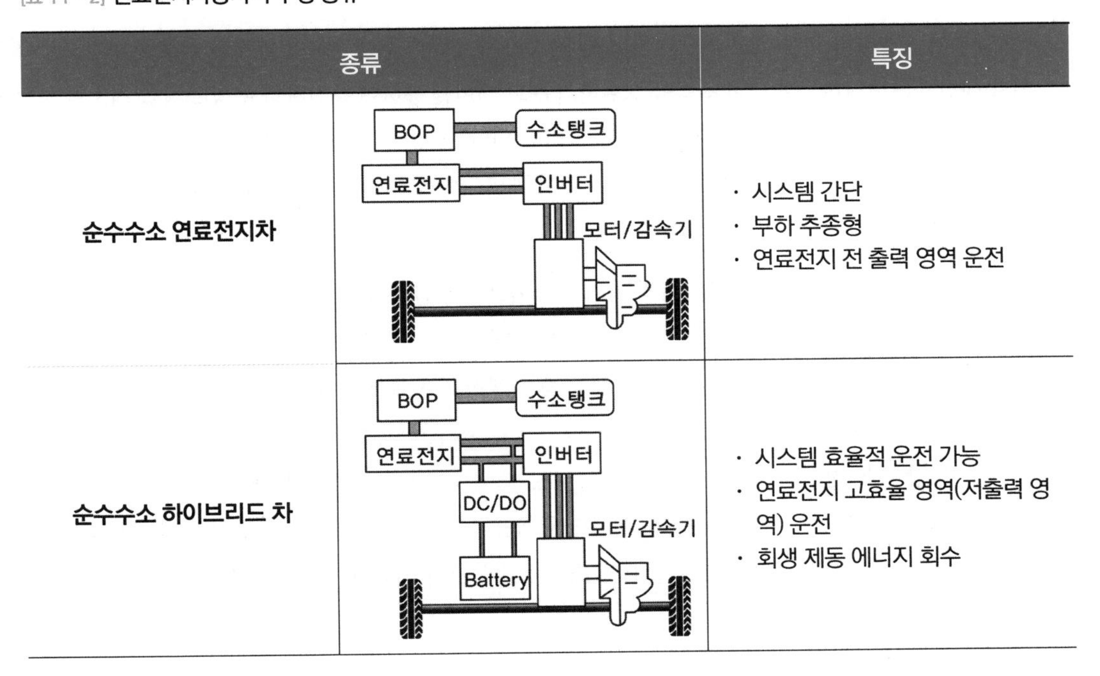

종류		특징
순수수소 연료전지차	BOP / 수소탱크 / 연료전지 / 인버터 / 모터/감속기	· 시스템 간단 · 부하 추종형 · 연료전지 전 출력 영역 운전
순수수소 하이브리드 차	BOP / 수소탱크 / 연료전지 / 인버터 / DC/DO / 모터/감속기 / Battery	· 시스템 효율적 운전 가능 · 연료전지 고효율 영역(저출력 영역) 운전 · 회생 제동 에너지 회수

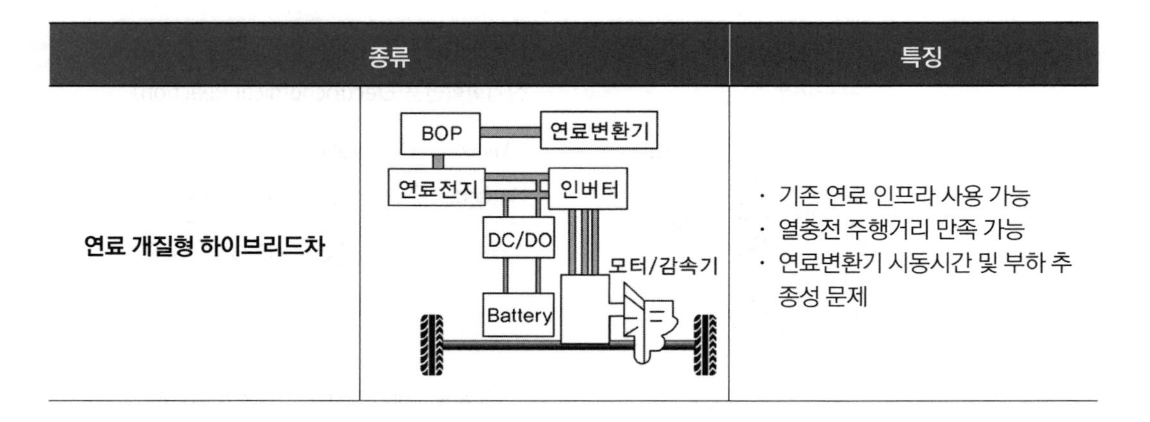

종류		특징
연료 개질형 하이브리드차		· 기존 연료 인프라 사용 가능 · 열충전 주행거리 만족 가능 · 연료변환기 시동시간 및 부하 추종성 문제

5) 안전성 기능 확보의 고령자용 자동차(ITS 접목)

노령화 사회로 접어들면서 고령자용으로 적합한 기술과 각종지능형 첨단부품의 장착을 통하여 차량의 안정성과 편의성을 획기적으로 향상시킴으로써 안전하고 쾌적한 교통 환경을 확보하고 교통사고를 방지하여 사회적인 인적, 물적 손실을 최소화하고, 차량이 단순한 운송수단에서 운송, 정보, 업무, 휴식공간으로 발전하는 데 필요한 지능형 기술을 적용한 자동차로 시스템을 갖춰갈 것이다.

6) 자율주행을 목적으로 하는 무인운전 자동차

자율주행 자동차라 하는 것은 자동차 시스템 자체가 주행환경을 인지하여 인지한 정보를 바탕으로 최적의 주행전략을 판단하고 판단한 전략을 실현하기 위한 제어를 통하여 운전자의 주행 조작을 최소화 하며 자동차 스스로 안전 주행이 가능한 지능형 자동차라 정의할 수 있다. 최근에는 자동차용 커넥티드 기술과 자율주행기능을 접목시킨 복합적인 기술적 서비스가 개발되면서 운전자의 안전 및 편의 기능이 대폭 강화되는 추세이다.

자율주행 자동차의 기술적 근원은 잠김 방지 브레이크 시스템(ABS, Anti-lock Brake System)및 에어백(Air-bag) 시스템과 같이 수동적 제어를 통한 사고 대비 기술에서 시작한다. 이후 1차 단계에서는 운전자의 제어와 감시가 필수로 요구되는 운전대 또는 페달 중 선택적 자동제어 시스템을 갖춘 자동화 가능 지원 자동차가 된다. 차로이탈방지장치(LKAS, Lane Keep Assist System), 적응형 순항 제어 장치(ACC, Adaptive Cruise Control), 비상 제동 장치(AEBS, Advanced Emergency Braking System) 및 전방 충돌 경고 장치(FCW, Forward Collosion Warning) 등이 1차 단계 자율 주행 기술에 해당된다. 2차 단계에서는 운전대와 페달을 동시에 자동제어할 수 있는 시스템을 갖춘 운전자 감시 자율 주행 자동차가 해당되는데 부분적 자율 주행이라고도 하며 일정 시간 자율주행 지속 시 경고음을 주어 차량의 제어권을 운전자에게 귀속시킨다. 고속도로 주행 지원장치(HAD, Highway Driving Assist) 및 레인 센터링(LC, Lane Centering) 기술 등이 2차 단계에 해당되는 기술이다. 제3차 단계는 자동차 전용 도로 등 제한된 조건에서 특정 상황에서는 운전자가 개입하는 조건부 완전 자율주행 자동차가 된다. 이 기술을 통하여 운전자는 한시적으로 운전에서 해방될 수 있으나 돌발 상황 시에는 제어권을 운전자로 전환할 필요가 있다. 고속도로의 특정구간, 특정 교차로, 특정 진출입로에서의 자율주행 기술이 3차 단계 기술에 해당한다. 제4차 단계는 고도 자율주행 단계로 정해진 특정 조건하에서 완전 자율주행이 가능한 단계이다. 즉 특정 지역이나 도로 환경, 기상 상태, 시간별 조도량 등이 만족된 상태에서는 운전자가 완전히 운전으로부터 해방되는 단계로 어떠한 운전 조건에서도 제어권 전환이 필요 없으며 여기에, 자동차의 결함 발생 시에도 대처 기술이 적용되는 완전 자율주행 단계를 의미한다.

인간의 자동차 운행에 대하여 상황 인지, 판단, 차량 조작 능력을 보조하거나 대체할 수 있는 지능적인 고안전 자율 주행 기술은 자동차 운행에 필요로 하는 빅 데이터의 정보와 통신, 센서와 실행 시스템, 위성 항법 등의 첨단기술이 총망라되는 기술이다. 또한 자율 주행운전 기술은 운전과 약자를 보호하고 운전 기능을 기계가 대신 해주기에 인간에게 많은 이로움을 줄 수 있다. 그러나 무인운전 자동차가 도로상에서 실현되기 위해서는 전자화 된 시스템에서 발생할 수 있는 환경적 장애 요소의 문제 파악과 대책이 충분히 검토되어야 하고, 운전자를 대신하는 차량의 자율운전 시스템에 대하여 기존의 자동차 관련 법규 및 인증제도의 개선과 사회적 수용성의 부작용 문제, 사회 인프라구축의 범사회적 합의가 따르게 된다. 온전한 자율 주행에 의한 무인운전 자동차 시대를 맞게 되는 인류사회는 지금까지의 생활과는 전혀 다른 양상의 문명사회를 갖게 될 것이다.

참고 문헌(인용자료)

1. 『기계의 사회 : LIFE 인간과 과학 시리즈』 Robert O'brien, 1981
2. 『The FORD Century : Russ Banham』 Foreword by Paul Newman TEHABI Books, 2002
3. 『자동차의 기본계획과 디자인』 Takeshi SAITO, 산해당 일본, 2002
4. 『기계공학개론』 박경석, 삼성북스, 2007
5. 『자동차공학』 장병주, 동명사, 1995
6. 『자동차 디자인아이텐티티의 비밀』 구상, 한국학술정보, 2009
7. 『매혹의 클래식카』 세루주 벨뤼, 김교신 역, 시공사, 2005
8. 『변화를 향한 질주』 이임광, 생각의 지도, 2009
9. 『미래는 만드는 것이다』 정세영, 행림출판, 2000
10. 『도요타 인간경영』 와카마츠 요시히또, 고정아 역, 일송미디어, 2003
11. 『자동차기술 진화한다』 고바야시 히데오, 일간공업신문사, 일본, 2008
12. 『핸리포드』 해리포드, 공병호, 송은주 옮김, 21세기북스, 2006
13. 『My Life and Work』 Henry Ford, Nu Vision Publications, LLC, 2009
14. 『누가 우리의 일상을 지배 하는가』 전성원, 인물과 사상사, 2012
15. 『경영의 신 3』 정혁준, 다산북스, 2013
16. 『내연기관』 이성렬, 보성각, 1994
17. 『신편 내연기관』 남평우, 동명사, 1986
18. 『자동차 공학』 유병철, 야정문화사, 1988
19.『자동차용 엔진의 성능과 역사』 오카모토 카즈타다, 그랑프리출판, 1991
20. www.ksae.org
21. Henry Ford, Mike Venezia, Scholastic, 2009

22. 『자동차와 설계기술』, 응용기계공학편집부, 대하출판, 일본, 1984

23. 『국제단위계』, 사단법인 한국자동차공학회, 2000

24. 『자동차 환경백서』, KAF 코리아 오토포럼, 2007

25. 대영박물관, The Trustees of the British Museum, 영국, 1997

26. Henry Ford, Vincent Curcio, Oxford University, 2013

27. 『공학에 빠지면 세상을 얻는다』, 서울대학교 공과대학, (주)동아사이언스, 2005

28. Henry Ford, A personal History, 1863~1947, Margaret Ford Ruddiman Henry Ford Museum

29. The Henry Ford, Mary E.Bush, 2008

30. Telling America's Story, A History of the Henry Ford, The Donning Company Publishers, 2010

31. 자동차 Chronicle, 자동차문화검정위원회편, 일본, 2009

32. 자동차기술핸드북, JSAE.KSAE, 1996

33. 쉽게 자동차 만지기, JAF 일본, 1979

34. www.ksae.org, 오토저널

35. www.naver.com

36. https://ko.wikipedia.org

37. http://ksme.or,kr

38. 초기 자동차 사진 자료 : 포드 자동차박물관, 클리브랜드 자동차 박물관(미국)

[편저자] 자동차인간학 연구회

박경석 박사(경희대학교 명예교수)
강병도 박사(자동차안전연구원)
김인태 박사(경기도기술학교)
서호철 박사(세종공업 연구소)
심범주 박사(쌍용자동차 연구소)
장석형 박사(현대자동차 연구소)

자동차는 인간과 더불어 진화한다

초 판 인 쇄 | 2016년 9월 10일
초 판 발 행 | 2016년 9월 15일
개정1판발행 | 2021년 5월 20일

저 자 | 자동차인간학 연구회
발 행 인 | 조규백
발 행 처 | 도서출판 구민사
(07293) 서울시 영등포구 문래북로 116, 604호(문래동 3가 46, 트리플렉스)
전 화 | (02) 701-7421~2
팩 스 | (02) 3273-9642
홈 페 이 지 | www.kuhminsa.co.kr
신 고 번 호 | 제2012-000055호(1980년 2월 4일)

I S B N | 979-11-5813-920-9 [93500]
정 가 | 16,000원